高职高专土建类专业"十三五"规划教材

建筑工程施工组织

（第2版）

主　编　吴　琛　熊　燕　熊　瑛

副主编　罗　琳　彭　芳

　　　　汪　冰　王小广

主　审　陶立新　谢芳蓬

武汉理工大学出版社

·武　汉·

内容提要

本书主要包括建筑工程施工组织原理认知、流水施工原理、网络计划技术、施工组织总设计、单位工程施工组织设计、施工管理实务等内容。

全书内容通俗易懂,深入浅出,具有很强的实用性、系统性和先进性。

图书在版编目(CIP)数据

建筑工程施工组织/吴琛,熊燕,熊瑛主编. —2版. —武汉:武汉理工大学出版社,2016.8
ISBN 978-7-5629-5230-8

Ⅰ. ①建… Ⅱ. ①吴… ②熊… ③熊… Ⅲ. ①建筑工程-施工组织-高等学校-教材
Ⅳ. ①TU721

中国版本图书馆 CIP 数据核字(2016)第 181888 号

项目负责人:戴皓华　　　　　　　　　　　　责 任 编 辑:戴皓华
责 任 校 对:丁　冲　　　　　　　　　　　　装 帧 设 计:芳华时代
出 版 发 行:武汉理工大学出版社
地　　　　址:武汉市洪山区珞狮路 122 号
邮　　　　编:430070
网　　　　址:http://www.wutp.com.cn
经　　　　销:各地新华书店
印　　　　刷:湖北丰盈印务有限公司
开　　　　本:787×1092　1/16
印　　　　张:9.25
字　　　　数:238 千字
版　　　　次:2016 年 8 月第 2 版
印　　　　次:2016 年 8 月第 1 次印刷
定　　　　价:25.00 元

前　言

（第 2 版）

本书是基于工作过程的教学理念，以"讲清概念，强调应用"为主旨，本着"必需、够用"的原则进行编写的。

本书针对高职建筑工程技术专业岗位群对建筑工程施工组织的具体要求，紧跟施工技术发展与建筑行业的动态，同时兼顾学生职业和能力的拓展，重新构建了"建筑工程施工组织"课程教学内容，把课程内容的教学重点放在实用知识和操作技能两个层面。对逐渐少用或不用的施工组织方法则不再介绍，删减繁芜的公式推导和原理说明。使课程内容更贴近实际，提高了课程的先进性与实用性。

本书对建筑工程施工组织的知识进行了分解和归纳，把"建筑工程施工组织"课程的整体知识结构分解成 6 个学习情境，27 个学习任务，以任务驱动进行教学。把新技术、新规范的知识纳入教学中，使学生掌握建筑工程施工组织的基本理论和基本技能。

本书的编写人员都是既有丰富教学经验，又有很长建筑施工工作经历的"双师型"教师，因此，本书的内容既方便"老师的教"和"学生的学"，又保证教材的内容紧跟施工组织新技术的发展，使学生所学的知识是必需和够用的。

本书由江西现代职业技术学院吴琛、熊燕、熊瑛、罗琳、彭芳、王小广、汪冰、欧阳彬生、陈琳、陶婕等老师共同编写，全书由吴琛统稿。江西省建工集团第二建筑有限公司总经理陶立新高级工程师和江西现代职业技术学院谢芳蓬教授主审，上海同济工程项目管理咨询公司江西分公司朱世强高级工程师与江西省建工集团第三建筑有限责任公司吴祥红高级工程师对全书进行了审阅并提出了宝贵的意见，特在此对本书再版给予支持帮助的单位和个人表示诚挚的谢意。

限于编者的水平，本书难免有不妥之处，恳请广大读者指正。

编者

2016 年 5 月

目　录

情境一　建筑工程施工组织原理认知

任务一　基本建设项目与建设程序

1.1.1　基本建设项目

基本建设项目指在一个场地或几个场地上按照一个独立的总体设计兴建的一项独立工程或若干个互相有内在联系的工程项目的总体,简称建设项目。工程建成后经济上可以独立经营,行政上可以统一管理。

比如一个独立的工厂、矿山,农林水利建设的独立农场、林场、水库工程,交通运输建设的一条铁路线路、一个港口,文教卫生建设的独立学校、报社、影剧院等等就是常见的基本建设项目。同一总体设计内分期进行建设的若干工程项目均应合并算为一个建设项目,不属于同一总体设计范围内的工程,不得作为一个建设项目。

1.1.2　项目建设程序

工程项目建设程序是指工程项目从策划、勘察、设计、施工到竣工验收、投入生产或交付使用的整个建设过程中,各项工作必须遵循的先后工作次序。工程项目建设程序是工程建设过程中客观规律的反映,是建设工程项目科学决策和顺利进行的重要保证。工程项目建设程序是人们长期在工程项目建设实践中得出来的经验总结,不能任意颠倒,但可以合理交叉。

1.1.3　建筑施工程序

建筑施工程序分为七个阶段:策划决策阶段、勘察设计阶段、建设准备阶段、施工阶段、生产准备阶段、竣工验收阶段、考核评价阶段。

1.策划决策阶段

决策阶段又称为建设前期工作阶段,主要包括编报项目建议书和可行性研究报告两项工作内容。

(1)项目建议书

对于政府投资工程项目,编报项目建议书是项目建设最初阶段的工作。其主要作用是为了推荐建设项目,以便在一个确定的地区或部门内,以自然资源和市场预测为基础选择建设项目。

项目建议书经批准后可进行可行性研究工作,但并不表明项目非上不可,项目建议书不是项目的最终决策。

(2)可行性研究

可行性研究是在项目建议书被批准后,对项目在技术上和经济上是否可行所进行的科学分析和论证。

根据《国务院关于投资体制改革的决定》(国发[2004]20号),对于政府投资项目须审批项目建议书和可行性研究报告。《国务院关于投资体制改革的决定》指出,对于企业不使用政府资金投资建设的项目,一律不再实行审批制,区别不同情况实行核准制和登记备案制。对于《政府核准的投资项目目录》以外的企业投资项目,实行备案制。

2. 勘察设计阶段

(1) 勘察过程

复杂工程分为初勘和详勘两个阶段,为设计提供实际依据。

(2) 设计过程

设计过程一般划分为两个阶段,即初步设计阶段和施工图设计阶段。对于大型复杂项目,可根据不同行业的特点和需要,在初步设计之后增加技术设计阶段。

初步设计是设计的第一步,如果初步设计提出的总概算超过可行性研究报告投资估算的10%以上或其他主要指标需要变动时,要重新报批可行性研究报告。初步设计经主管部门审批后,建设项目被列入国家固定资产投资计划,方可进行下一步的施工图设计。施工图一经审查批准,不得擅自进行修改。如需修改必须重新报请原审批部门,由原审批部门委托审查机构审查后再批准实施。

3. 建设准备阶段

建设准备阶段主要内容包括:组建项目法人、征地、拆迁、"三通一平"乃至"七通一平";组织材料、设备订货;办理建设工程质量监督手续;委托工程监理;准备必要的施工图纸;组织施工招投标,择优选定施工单位;办理施工许可证等。按规定做好施工准备,具备开工条件后,建设单位申请开工,进入施工安装阶段。

4. 施工阶段

建设工程具备了开工条件并取得施工许可证后方可开工。项目新开工时间,按设计文件中规定的任何一项永久性工程第一次正式破土开槽时间而定。不需开槽的以正式打桩作为开工时间。铁路、公路、水库等以开始进行土石方工程作为正式开工时间。

5. 生产准备阶段

对于生产性建设项目,在其竣工投产前,建设单位应适时地组织专门班子或机构,有计划地做好生产准备工作,包括招收、培训生产人员;组织有关人员参加设备安装、调试、工程验收;落实原材料供应;组建生产管理机构,健全生产规章制度等。生产准备是由建设阶段转入经营的一项重要工作。

6. 竣工验收阶段

工程竣工验收是全面考核建设成果、检验设计和施工质量的重要步骤,也是建设项目转入生产和使用的标志。验收合格后,建设单位编制竣工决算,项目正式投入使用。

7. 考核评价阶段

建设项目后评价是工程项目竣工投产、生产运营一段时间后,再对项目的立项决策、设计施工、竣工投产、生产运营等全过程进行系统评价的一种技术活动,是固定资产管理的一项重要内容,也是固定资产投资管理的最后一个环节。

任务二　建筑产品及施工特点

1.2.1　建筑产品的特点

建筑产品具有在空间上的固定性、多样性、体积庞大性、生产周期长的特点。

(1)建筑产品的固定性

建筑产品——各种建筑物和构筑物,在一个地方建造后不能移动,只能在建造的地方供长期使用,它直接与作为基础的土地连接起来。在许多情况下,这些产品本身甚至就是土地不可分割的一部分,例如油田、地下铁道和水库等等。这种固定性是建筑产品和其他生产部门的物质产品相区别的一个重要特点。此外,在一般工业生产部门中,生产者和生产设备固定不动,产品在生产线上流动,产品的各个部件可以分别在不同的地点同时加工制造,最后装配在一起而成为最后的产品。但是,建筑产品则相反,产品本身是固定不动的,生产者和生产设备必须不断地在生产线上流动。在工业生产部门的造船工业,船体是不动的,其生产过程在这一点上有些类似建筑业的产品。

(2)建筑产品的多样性

在一般工业生产部门,如机械工业、化学工业、电子工业等,生产的产品数量很大,而产品本身都是标准的同一产品,其规格相同,加工制造的过程也是相同的,按照同一设计图纸、反复地连续进行批量生产,产品的同一性和生产的大量性是这些工业部门能够实行大量生产的基础。当新的产品出现以后,改变一下工艺方法和生产过程,就可以继续进行批量生产。建筑产品则不同,根据不同的用途、不同的地区,建设不同形式的多种多样的房屋和构筑物,这就表现出建筑产品的多样性。建筑业的每一个建筑产品,都需要一套单独的设计图纸。而在建造时,根据各地区的施工条件,还要采用不同的施工方法和施工组织。就是采用同一种设计图纸重复建造的建筑产品,由于地形、地质、水文、气候等自然条件的影响以及交通、材料资源等社会条件的不同,在建造时,往往也需要对设计图纸及施工方法和施工组织等做相应的改变。由于建筑产品的这个特点,使得建筑业生产每个产品都具有其个体性。

(3)建筑产品的体积庞大

建筑产品的体积庞大,在建造过程中要消耗大量的人力、物力和财力,所需建筑材料数量巨大、品种复杂、规格繁多。据统计,1000m³ 的工业厂房,需要 140t 以上的材料;每 1000m³ 的民用建筑,需要 500t 以上的材料。需用材料的品种、规格数以万计。建筑产品需要的资金也是很多的,少则几万、几十万,多则几十亿、上百亿。如武汉某工程,投资 40 多亿元;某核电站投资达 40 亿美元。

由于建筑产品的体积庞大,占用空间多,因而建筑生产常常在露天进行,所以,建筑产品与一般工业产品不同,受自然气候条件影响很大。

(4)建筑产品的生产周期长

生产周期是指产品自开始生产至完成生产的全部时间。建筑产品的生产周期则是指建设项目或单项工程在建设过程中所耗用的时间。即从开始施工起,到全部建成投产或交付使用、发挥效益时所经历的时间。

建筑产品与一般工业产品比较,其生产周期较长。有的建筑项目,少则一两年,多则三四年、五六年,甚至上十年。因此,必须科学地组织建筑生产,不断缩短生产周期,尽快提高投资效益。

建筑产品造型庞大而复杂,产品固定而又具有不可分割性,生产过程中需要投入大量的人力、物力、财力,这些都决定了建筑产品生产周期长的特点。建筑产品生产周期长,决定了它必须长期大量占用和消耗人力、物力和财力,要到整个生产周期完结才能出产品。

1.2.2 建筑产品施工的特点

建筑施工的特点主要由建筑产品的特点所决定。和其他工业产品相比较,建筑产品具有体积庞大、复杂多样、整体难分、不易移动等特点,从而使建筑施工除了一般工业生产的基本特性外,还具有下述主要特点:

(1)生产的流动性

一是施工机构随着建筑物或构筑物坐落位置变化而整个地转移生产地点,二是在一个工程的施工过程中施工人员和各种机械、电气设备随着施工部位的不同而沿着施工对象上下左右流动,不断转移操作场所。

(2)产品形式多样化

建筑物因其所处的自然条件和用途的不同,工程的结构、造型和材料亦不同,施工方法必将随之变化,很难实现标准化。

(3)施工技术复杂

建筑施工常需要根据建筑结构情况进行多工种配合作业,多单位(土石方、土建、吊装、安装、运输等)交叉配合施工,所用的物资和设备种类繁多,因而对施工组织和施工技术管理的要求较高。

(4)露天和高处作业多

建筑产品的体形庞大、生产周期长,施工多在露天和高处进行,常常受到自然气候条件的影响。

(5)机械化程度低

目前我国建筑施工机械化程度还很低,仍要依靠大量的手工操作。

任务三　施工准备工作

1.3.1 施工准备工作的概念及分类

施工准备工作,是建筑施工管理的一个重要组成部分,是组织施工的前提,是能否顺利完成建筑工程任务的关键。按施工对象的规模和阶段,可分为全场性和单位工程的施工准备。全场性施工准备指的是大、中型工业建设项目或大型公共建筑或民用建筑群等带有全局性的部署,包括技术、组织、物资、劳力和现场准备,是各项准备工作的基础。单位工程施工准备是全场性施工准备的继续和具体化,要求做得细致,预见到施工中可能出现的各种问题,能确保单位工程均衡、连续和科学合理地施工。

施工准备工作的基本任务是为拟建工程的施工建立必要的技术和物质条件,统筹安排施工力量和施工现场。施工准备工作也是施工企业搞好目标管理,推行技术经济承包的重要依据。同时,施工准备工作还是装饰施工和设备安装顺利进行的根本保证。因此,认真地做好施工准备工作,对于发挥企业优势、合理供应资源、加快施工速度、提高工程质量、降低工程成本、增加企业经济效益、赢得企业社会信誉、实现企业管理现代化等具有重要的意义。

施工准备工作按工程项目施工准备工作的范围不同,一般可分为全场性施工准备、单位工程施工条件准备和分部分项工程作业条件准备三种。

(1)全场性施工准备:它是以一个建筑工地为对象而进行的各项施工准备。其特点是它的施工准备工作的目的、内容都是为全场性施工服务的,它不仅要为全场性的施工活动创造有利条件,而且要兼顾单位工程施工条件的准备。

(2)单位施工条件准备:它是以一个建筑物或构筑物为对象而进行的施工条件准备工作。其特点是它的准备工作的目的、内容都是为单位工程施工服务的,它不仅为该单位工程在开工前做好一切准备,而且要为分部分项工程做好施工准备工作。

(3)分部分项工程作业条件的准备:它是以一个分部分项工程或冬雨季施工为对象而进行的作业条件准备。

施工准备工作按拟建工程所处的施工阶段不同,一般可分为开工前的施工准备和各施工阶段前的施工准备两种。

(1)开工前的施工准备:它是在拟建工程正式开工之前所进行的一切施工准备工作。其目的是为拟建工程正式开工创造必要的施工条件。它既可能是全场性的施工准备,又可能是单位工程施工条件的准备。

(2)各施工阶段前的施工准备:它是在拟建工程开工之后,每个施工阶段正式开工之前所进行的一切施工准备工作。其目的是为施工阶段正式开工创造必要的施工条件。如混合结构的民用住宅的施工,一般可分为地下工程、主体工程、装饰工程和屋面工程等施工阶段,每个施工阶段的施工内容不同,所需要的技术条件、物资条件、组织要求和现场布置等方面也不同,因此在每个施工阶段开工之前,都必须做好相应的施工准备工作。

综上可以看出:不仅在拟建工程开工之前要做好施工准备工作,而且随着工程施工的进行,在各施工阶段开工之前也要做好施工准备工作。施工准备工作既要有阶段性,又要有连贯性,因此施工准备工作必须有计划、有步骤、分期、分阶段地进行,要贯穿拟建工程整个生产过程的始终。

工程项目施工准备工作的内容有劳动组织准备、施工技术准备、施工物资准备、施工现场准备、季节性施工准备等。

1.3.2 劳动组织准备

劳动组织准备包括建立组织机构、合理设置施工班组、集结施工力量、组织劳动力进场、施工组织设计、施工计划和施工技术的交底、建立健全各项管理制度。

(1)建立组织机构

确定组织机构应遵循的原则:根据工程项目的规模、结构特点和复杂程度来决定机构中各职能部门的设置,人员的配备应力求精干,以适应任务的需要。坚持合理分工与密切协作相结合,使之便于指挥和管理,分工明确,责权具体。

(2)合理设置施工班组

施工班组的建立应认真考虑专业和工种之间的合理配置,技工和普工的比例要满足合理的劳动组织,并符合流水作业方式的要求,同时制订出该工程的劳动力需要量计划。

（3）集结施工力量,组织劳动力进场

进场后应对工人进行技术、安全操作规程以及消防、文明施工等方面的培训教育。

（4）施工组织设计、施工计划和施工技术的交底

在单位工程或分部分项工程开工之前,应将工程的设计内容、施工组织设计、施工计划和施工技术等要求,详尽地向施工班组和工人进行交底,以保证工程能严格按照设计图纸、施工组织设计、施工技术规范、安全操作规程和施工验收规范等要求进行施工。交底工作应按照管理系统自上而下逐级进行,交底的方式有书面、口头和现场示范等形式。

交底的内容主要有:工程的施工进度计划、月（旬）作业计划;施工组织设计,尤其是施工工艺、安全技术措施、降低成本措施和施工验收规范的要求;新技术、新材料、新结构和新工艺的实施方案和保证措施;有关部位的设计变更和技术核定等事项。

（5）建立健全各项管理制度

通常有以下内容:技术质量责任制度、工程技术档案管理制度、施工图纸学习与会审制度、技术交底制度、各部门及各级人员的岗位责任制、工程材料和构件的检查验收制度、工程质量检查与验收制度、材料出入库制度、安全操作制度、机具使用保养制度等。

1.3.3 施工技术准备

施工技术准备主要包括熟悉、审查施工图纸和有关的设计资料;原始资料的调查分析;编制施工图预算和施工预算;编制施工组织设计。

1. 熟悉、审查施工图纸和有关设计资料

（1）熟悉、审查施工图纸的依据

①建设单位和设计单位提供的初步设计或扩大初步设计（技术设计）、施工图、建筑总平面、土方竖向设计和城市规划等资料文件;

②调查、搜集的原始资料;

③设计、施工验收规范和有关技术规定。

（2）熟悉、审查设计图纸的目的

①为了能够按照设计图纸的要求顺利地进行施工,生产出符合设计要求的建筑产品（建筑物或构筑物）;

②为了能够在拟建工程开工之前,使从事建筑施工技术和经营管理的工程技术人员充分地了解和掌握设计图纸的设计意图、结构与构造特点和技术要求;

③通过审查发现设计图纸中存在的问题和错误,使其在施工开始之前改正,为拟建工程的施工提供一份准确、齐全的设计图纸。

（3）熟悉、审查设计图纸的内容

①审查拟建工程的地点、建筑总平面图同国家、城市或地区规划是否一致以及建筑物或构筑物的设计功能和使用要求是否符合卫生、防火及美化城市方面的要求;

②审查设计图纸是否完整、齐全以及设计图纸和资料是否符合国家有关工程建设的设计、施工方面的方针和政策;

③审查设计图纸与说明书在内容上是否一致以及设计图纸与其各组成部分之间有无矛盾和错误;

④审查建筑总平面图与其他结构图在几何尺寸、坐标、标高、说明等方面是否一致,技术要求是否正确;

⑤审查工业项目的生产工艺流程和技术要求,掌握配套投产的先后次序和相互关系,以及设备安装图纸与其相配合的装饰施工图纸在坐标、标高上是否一致,掌握装饰施工质量是否满足设备安装的要求;

⑥审查地基处理与基础设计同拟建工程地点的工程水文、地质等条件是否一致,以及建筑物或构筑物与地下建筑物或构筑物、管线之间的关系;

⑦明确拟建工程的结构形式和特点,复核主要承重结构的强度、刚度和稳定性是否满足要求,审查设计图纸中的工程复杂、施工难度大和技术要求高的分部分项工程或新结构、新材料、新工艺,检查现有施工技术水平和管理水平能否满足工期和质量要求并采取可行的技术措施加以保证;

⑧明确建设期限、分期分批投产或交付使用的顺序和时间,以及工程所用的主要材料、设备的数量、规格、来源和供货日期;明确建设、设计和施工等单位之间的协作、配合关系,以及建设单位可以提供的施工条件。

(4)熟悉、审查设计图纸的程序

熟悉、审查设计图纸的程序通常分为自审阶段、会审阶段和现场签证等三个阶段。

①设计图纸的自审阶段。施工单位收到拟建工程的设计图纸和有关技术文件后,应尽快地组织有关的工程技术人员熟悉和自审图纸,写出自审图纸的记录。自审图纸的记录应包括对设计图纸的疑问和对设计图纸的有关建议。

②设计图纸的会审阶段。一般由建设单位主持,设计单位和施工单位参加,三方进行设计图纸的会审。图纸会审时,首先由设计单位的工程主要设计人向与会者说明拟建工程的设计依据、意图和功能要求,并对特殊结构、新材料、新工艺和新技术提出设计要求;然后施工单位根据自审记录以及对设计意图的了解,提出对设计图纸的疑问和建议;最后在统一认识的基础上,对所探讨的问题逐一地做好记录,形成"图纸会审纪要",由建设单位正式行文,参加单位共同会签、盖章,作为与设计文件同时使用的技术文件和指导施工的依据,以及建设单位与施工单位进行工程结算的依据。

③设计图纸的现场签证阶段。在拟建工程施工的过程中,如果发现施工的条件与设计图纸的条件不符,或者发现图纸中仍然有错误,或者因为材料的规格、质量不能满足设计要求,或者因为施工单位提出了合理化建议,需要对设计图纸进行及时修订时,应遵循技术核定和设计变更的签证制度,进行图纸的施工现场签证。如果设计变更的内容对拟建工程的规模、投资影响较大时,要报请项目的原批准单位批准。在施工现场的图纸修改、技术核定和设计变更资料,都要有正式的文字记录,归入拟建工程施工档案,作为指导施工、竣工验收和工程结算的依据。

2.原始资料的调查分析

为了做好施工准备工作,除了要掌握有关拟建工程的书面资料外,还应该进行拟建工程的实地勘测和调查,获得有关数据的第一手资料,这对于拟定一个先进合理、切合实际的施工组织设计是非常必要的,因此应该做好以下几个方面的调查分析:

(1)自然条件的调查分析

建设地区自然条件的调查分析主要内容有:地区水准点和绝对标高等情况;地质构造、土的性质和类别、地基土的承载力、地震级别和烈度等情况；河流流量和水质、最高洪水和枯水期的水位等情况；地下水位的高低变化情况，含水层的厚度、流向、流量和水质等情况；气温、雨、雪、风和雷电等情况；土的冻结深度和冬雨季的期限等情况。

（2）技术经济条件的调查分析

建设地区技术经济条件的调查分析主要内容有：地方建筑施工企业的状况、施工现场的动迁状况；当地可利用的地方材料状况和材料供应状况；地方能源和交通运输状况；地方劳动力和技术水平状况；当地生活供应、教育和医疗卫生状况；当地消防、治安状况和参加施工单位的力量状况。

3.编制施工图预算和施工预算

（1）编制施工图预算

施工图预算是技术准备工作的主要组成部分之一，这是按照施工图确定的工程量、施工组织设计所拟定的施工方法、建筑工程预算定额及其取费标准，由施工单位编制的确定建筑安装工程造价的经济文件，它是施工企业签订工程承包合同、工程结算、建设银行拨付工程价款、进行成本核算、加强经营管理等方面工作的重要依据。

（2）编制施工预算

施工预算是根据施工图预算、施工图纸、施工组织设计或施工方案、施工定额等文件进行编制的，它直接受施工图预算的控制。它是施工企业内部控制各项成本支出、考核用工、"两算"对比、签发施工任务单、限额领料、基层进行经济核算的依据。

4.编制施工组织设计

施工组织设计是施工准备工作的重要组成部分，也是指导施工现场全部生产活动的技术经济文件。建筑施工生产活动的全过程是非常复杂的物质财富再创造的过程，为了正确处理人与物、主体与辅助、工艺与设备、专业与协作、供应与消耗、生产与储存、使用与维修以及它们在空间布置、时间排列之间的关系，必须根据拟建工程的规模、结构特点和建设单位的要求，在原始资料调查分析的基础上，编制出一份能切实指导该工程全部施工活动的科学方案（施工组织设计）。

1.3.4 施工物资准备

物资准备工作的程序是搞好物资准备的重要手段。通常按如下程序进行：

首先，根据施工预算、分部（项）工程施工方法和施工进度的安排，拟定国拨材料、统配材料、地方材料、构（配）件及制品、施工机具和工艺设备等物资的需要量计划；接着根据各种物资需要量计划，组织货源，确定加工、供应地点和供应方式，签订物资供应合同；再根据各种物资的需要量计划和合同，拟订运输计划和运输方案；最后，按照施工总平面图的要求，组织物资按计划时间进场，在指定地点按规定方式进行储存或堆放。

物资准备工作主要包括建筑材料的准备、构（配）件和制品的加工准备、建筑安装机具的准备和生产工艺设备的准备。

（1）建筑材料的准备

建筑材料的准备主要是根据施工预算进行分析，按照施工进度计划要求，按材料名称、规格、使用时间、材料储备定额和消耗定额进行汇总，编制出材料需要量计划，为组织备料、确定仓库及场地堆放所需的面积和组织运输等提供依据。

（2）构（配）件、制品的加工准备

根据施工预算提供的构（配）件和制品的名称、规格、质量和消耗量，确定加工方案和供应渠道以及进场后的储存地点和方式，编制出其需要量计划，为组织运输、确定堆场面积等提供依据。

（3）建筑安装机具的准备

根据采用的施工方案安排施工进度，确定施工机械的类型、数量和进场时间，确定施工机具的供应办法和进场后的存放地点和方式，编制建筑安装机具的需要量计划，为组织运输、确定堆场面积等提供依据。

（4）生产工艺设备的准备

按照拟建工程生产工艺流程及工艺设备的布置图，提出工艺设备的名称、型号、生产能力和需要量，确定分期分批进场时间和保管方式，编制工艺设备需要量计划，为组织运输、确定堆场面积提供依据。

1.3.5 施工现场准备

（1）做好施工测量控制网的复测和加密工作，敷设施工导线和水准点；

（2）建立工地试验室，开展原材料检测和施工配合比确定工作；

（3）施工现场的补充钻探；

（4）"三通一平"，即通水、通电、通路、场地平整；

（5）建造临时设施：按照施工总平面图的布置，建造三区分离的生产、生活、办公和储存等临时房屋以及施工便道、便桥、码头，沥青混合料、路面基层（底基层）、结构层混合料、水泥混凝土搅拌站和构件预制场等大型临时设施；

（6）安装调试施工机具；

（7）原材料的储存堆放；

（8）做好冬雨季施工安排；

（9）落实消防和保安措施；

（10）大型临时工程：

①大型临时工程一般指混凝土构件预制场、混凝土和沥青搅拌站、拼装式龙门吊和架桥机、悬浇混凝土的挂篮、大型围堰、大型脚手架和模板、大型构件吊具、塔吊、施工便道和便桥等。

②大型临时工程均应进行设计计算并出具施工图纸，编制相应的各类计划和制订相应的质量保证和安全劳保技术措施。

③需要单独编制施工方案的大型临时设施工程，其设计前后均应由公司或项目经理部组织有关部门和人员对设计提出要求和进行评审。

1.3.6 季节性施工准备

季节性主要指夏季和冬季。夏季要防暑降温，冬季要御寒保暖。为确保工程质量，保证对施工全过程的质量控制，根据各部门的工程质量管理工作，并结合项目的实际情况，与各项目部"齐抓共管"把好工程质量关，制订如下季节性施工准备工作及措施：

1. 冬季施工的准备工作

(1)明确冬季施工项目,编制进度安排。

因为冬季气温低,施工条件差,技术要求高,费用要增加。因此,一般将费用增加较少的项目安排在冬季施工,例如安装、打桩、室内粉刷、装修、室内管道和电线铺设、可用蓄热法养护(可加促凝剂)的砌筑和混凝土工程;对费用增加很多又不能确保施工质量的工程如外粉刷、屋面防水、道路,不宜安排在冬季施工。

(2)做好冬季测温组织工作,落实各种热源的供应渠道,保证冬季施工的顺利进行。

冬季昼夜温差大,为保证工程施工质量,应做好组织测温工作,要防止砂浆、混凝土在凝结硬化前受到冰冻而被破坏。冬季到来之前,安排做好室内的保温施工项目,准备好冬季施工用的各种保温材料和热源设备的储存和供应,如先完成供热系统,安装好门窗玻璃等,保证室内其他项目顺利施工。

(3)做好室外各种临时设施的保温、防冻工作。如做好给排水管道的保温工作,防止管子冻裂。要防止道路上积水成冰,及时清理道路上的积雪,以保证运输畅通。

(4)冬季到来前,储存足够的材料、构件、物资等,节约运费的支出。

(5)做好停止施工部位的安排和检查,例如基础完成后,及时回填土至基础同一高度;沟管要盖板;砌完一层砖后,将楼板及时安装完成;室内装修抹灰要一层一室一次完成,避免分块留尾;室内装饰力求一次完成,如必须停工,应停在分层分格的整齐部位;楼地面要保温防冻等。

(6)加强安全教育,严防火灾发生,落实防火安全技术措施,经常检查落实情况,保证各热源设备的完好使用,做好职工冬季施工的技术操作的培训和安全施工的教育,确保工程施工质量,避免安全事故发生。

2.雨季施工准备工作

(1)道路

凡主要运输暂设道路,应将路基碾压实,上铺焦渣或天然级配砂石,并做好路拱。道路两旁要设排水沟,保证雨后不滑、不陷、不存水,通行无阻。

(2)现场排水

①施工现场及构件生产基地应根据地形对场地的排水系统进行疏通,以保证排水流畅,不积水。利用正式雨水管道排水的,要修筑有沉淀处理的雨水井。

②模板及构件堆放场地要分层夯实,四周做好排水沟,垫土要坚实整齐,防止因雨后积水下沉。已堆放构件的场地,凡不实之处应积极采取补救措施。

③地基两侧要挖排水沟,塔基与枕木之间应埋设管道,将塔轨之间、塔基与建筑物之间的积水引入排水沟。

(3)机电设备

①在施工前,现场机械操作棚,如搅拌机棚、卷扬机棚、泵送棚等必须搭设严密,防止漏雨。

②对机电设备及电闸箱采取防雨、防潮、防淹等措施,并必须安装接地安全装置。流动电闸箱要安装漏电保护装置。

③塔式起重机在组装的同时应随即做好接地装置,接地体的埋深、距离、棒径和地线截面应符合规程要求,并在雨季施工前进行一次摇测。

(4)大小型设施检修及设备维护

①现场临时设施,如员工宿舍、办公室、食堂及仓库等应进行全面检查,危险建筑物应进行翻修、加固或拆除。

②暂不用的模板及壁板堆放架应刷好防腐油漆,并妥善堆放,防止锈蚀。

（5）材料储备与保管

①门窗、地板、木构件、石膏板和轻钢龙骨等,应尽量放入室内,加垫码垛放好,并经常通风,若露天存放应用苫布盖严。

②防雨材料及设备（如水泵及苫布等）要有适量储备,水泵要配套进场,并备有相应的易损件。

③地下室窗及人防通道洞在雨季应遮盖或封闭,防止雨水灌入。

（6）停工部位

雨季应施工到合理部位（如盖上混凝土楼板）后再停工,并做好洞口封闭。

3. 夏季施工准备工作

（1）动员员工根据生产的实际情况积极采取行之有效的防暑降温措施,充分发挥现有降温设备的效能,添置必要的设施,并及时做好检查维修工作。

（2）关心员工的生产、生活,注意劳逸结合,调整作息时间,严格控制加班加点,入暑前抓紧做好高温高空作业工作工人的体检,对不适合高温高空作业的适当调换工作。

（3）加强现场防暑降温工作,配备足够的防暑降温药品（仁丹、藿香正气丸、十滴水、风油精等）和物品,改善员工的生活环境和工作环境,合理地调整作息时间,避开高温时间段作业（11：00～14：30）并建立防暑应急救组织。

4. 冬季施工措施

（1）当室外平均气温低于+5℃,最低气温低于-3℃时,各分项工程均应按冬季施工要求施工,确保混凝土在受冻前的强度不低于设计强度标准值的30%。

（2）在混凝土中掺入早强剂提高混凝土的早期强度,增强混凝土的抗冻能力。

（3）备足一定数量塑料薄膜和石棉被等覆盖物,用于覆盖新浇混凝土。

（4）延长混凝土构件的拆模时间,利用模板蓄热保温。

（5）冬季施工中须用的材料应事先准备,妥善保管;使用的砂、石中不得含冰、雪等结块;须用热水拌和混凝土时,热水温度不得大于80℃。

（6）钢筋焊接时应尽可能避开低温天气,以防接头冷却太快产生断裂,闪光对焊采用玻璃棉覆盖保温约3～5min,电渣压力焊采用延长拆除焊接盒时间的办法进行保温。

（7）冬季施工期间,应注意收听天气预报,低作业尽量安排在天气相对较暖的时间进行。

（8）对已浇筑的混凝土要指定专人负责现场测温工作,并做好测温记录,测温时间为浇筑后6h、12h、18h、24h,严密监视气温变化,以便及时采取措施,防止混凝土被冻坏。

5. 雨季施工措施

（1）砌筑工程:砖在雨期必须集中堆放,不宜浇水砌墙时应干湿合理搭配,如遇大雨必须停工时,砌砖收工时在顶层砖上覆盖一层平砖,避免大雨冲刷灰浆,砌体在雨后施工,须复核已完工砌体的垂直度和标高。

（2）混凝土工程:模板隔离层在涂刷前要及时掌握天气预报以防隔离层被雨水冲掉,遇到大雨时,应停止浇筑混凝土,已浇部位应加以覆盖。

（3）抹灰工程:

①雨天不准进行室外抹灰,至少能预计1～2天的天气变化情况,对已施工的墙面应注意防止雨水污染。

②室内抹灰尽量在做完屋面后进行。

③雨天不宜做罩面油漆。

(4)所有的机械棚要搭设牢固,防止倒塌漏雨。机电设备采取防雨、防淹措施,安装接地安全装置。

(5)材料仓库应加固,保证不漏雨,不进水。

(6)根据施工现场的情况,在建筑物四周做好排水沟,开挖沉淀池,通过水泵排入总下水道内。

(7)如遇暴雨和雷雨,应暂停施工,尤其是塔吊遇到六级以上大风或雷雨时应停止作业。

6.夏季施工措施

(1)砖块要充分湿润,铺灰长度相应减小。

(2)屋面工程应安排在下午3点钟以后进行,避开高温时间。

(3)对已浇筑的混凝土及时用草袋覆盖,并设专人浇水养护。

(4)高温季节做好防暑降温工作,适当调整休息时间,避开高温施工。

(5)做好防台防汛工作,遇有六级以上台风,禁止高空作业。

思考与练习

1.什么是建设项目? 建筑产品有哪些特点?

2.施工准备工作主要有哪些内容?

3.建设的基本程序有哪些?

4.冬雨季施工需要做哪些准备?

情境二　流水施工原理

任务一　流水施工基本概念

2.1.1　施工组织的方式

在所有的生产领域中,组织产品生产的方法较多,归纳起来有三种基本方式,分别是依次作业、平行作业和流水作业。以工程项目施工为例,其具体组织方式和特点如下:

1.依次作业

依次施工作业的组织方式是将拟建工程项目的整个建造过程分解成若干个施工过程,按照一定的施工顺序,前一个施工过程完成后,后一个施工过程才开始施工的作业组织方式。它是一种最基本的、最原始的施工作业组织方式。

【例2-1】　某住宅区拟建三幢结构相同的建筑物,其编号分别为Ⅰ、Ⅱ、Ⅲ。各建筑物的基础工程均可分解为挖土方、浇混凝土基础和回填土三个施工过程,分别由相应的专业队按施工工艺要求依次完成,每个专业队在每幢建筑物的施工时间均为5周,各专业队的人数分别为10人、16人和8人。三幢建筑物基础工程分别组织依次、平行和流水施工的方式如图2-1所示。

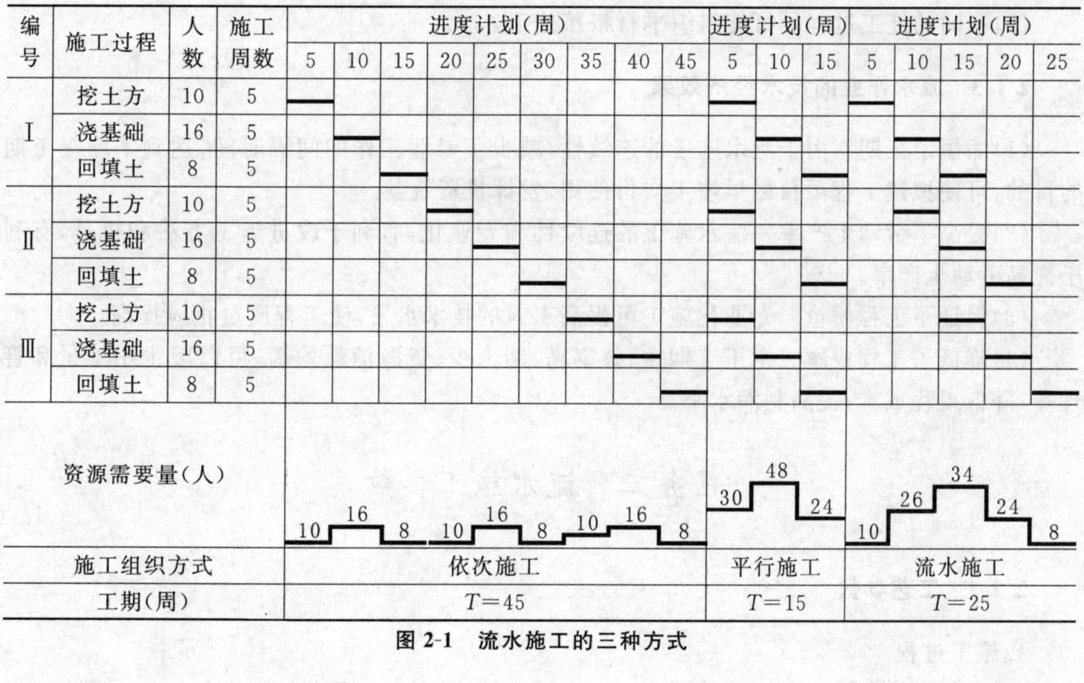

编号	施工过程	人数	施工周数	进度计划(周)									进度计划(周)			进度计划(周)				
				5	10	15	20	25	30	35	40	45	5	10	15	5	10	15	20	25
Ⅰ	挖土方	10	5																	
	浇基础	16	5																	
	回填土	8	5																	
Ⅱ	挖土方	10	5																	
	浇基础	16	5																	
	回填土	8	5																	
Ⅲ	挖土方	10	5																	
	浇基础	16	5																	
	回填土	8	5																	
资源需要量(人)				10	16	8	10	16	8	10	16	8	30	48	24	10	26	34	24	8
施工组织方式				依次施工									平行施工			流水施工				
工期(周)				$T=45$									$T=15$			$T=25$				

图2-1　流水施工的三种方式

2.平行作业

由图 2-1 可以看出,平行施工组织方式具有以下特点:

(1)充分地利用了工作面,争取了时间,可以缩短工期。

(2)工作队不能实现专业化生产,不利于提高工程质量和劳动生产率。

(3)工作队及其工人不能连续作业。

3.流水作业

流水作业的组织方式是将拟建工程在平面上划分成若干个作业段,在竖向上划分成若干个作业层,再给每个作业过程配以相应的专业队组,各专业队组按照一定的作业顺序依次连续地投入到各作业段,完成各自的任务,从而保证拟建工程在时间和空间上,有节奏、连续均衡地进行下去,直到完成全部作业任务的一种作业组织方式。

由图 2-1 可以看出,流水施工组织方式具有以下特点:

(1)无工作面闲置,工期较短;

(2)各专业施工班组工作连续,没有窝工现象;

(3)施工专业化,利于提高工程质量和劳动生产率;

(4)资源需求均衡;

(5)利于现场文明施工和科学管理。

2.1.2 组织流水作业的必要条件

(1)划分分部分项工程;

(2)划分施工段;

(3)每个施工过程组织独立的施工队组;

(4)主要施工过程必须连续、均衡地施工;

(5)不同的施工过程尽可能组织平行搭接施工。

2.1.3 流水作业的技术经济效果

(1)缩短了工期。由于流水施工的连续性,减少了专业工作的间隔时间,达到了缩短工期的目的,可使拟建工程项目尽早竣工交付使用,发挥投资效益。

(2)提高了劳动生产率。流水施工的连续性和专业化,有利于改进施工方法和机具,有利于提高劳动生产率。

(3)保证了工程质量。专业化施工可提高工人的技术水平,使工程质量相应提高。

(4)降低了工程成本。由于工期短、效率高、用人少、资源消耗均衡,可以减少用工量和管理费,降低工程成本,提高利润水平。

任务二 流水施工参数

2.2.1 工艺参数

1.施工过程

施工过程的数目,一般以 n 表示。

2.流水强度

某施工过程在单位时间内所完成的工程量,称为该施工过程的流水强度。

例如,某饰面工程每日安排 4 名工人,其产量定额 5(m²/工日),则该饰面工程流水强度 20(m²/工日)。

2.2.2 空间参数

1.工作面

某专业工种的工人在从事建筑产品施工生产过程中,所必须具备的操作空间,称为工作面。例如,砌砖墙 7~8(m/人)。

2.施工段

为了有效地组织流水施工,通常把拟建工程项目在平面上划分成若干个劳动量大致相等的施工段落,这些施工段落称为施工段。施工段的数目,通常以 m 表示,它是流水施工的基本参数之一。

2.2.3 时间参数

1.流水节拍

流水节拍是指某个专业队在某一个施工段上的作业持续时间。流水节拍的大小,可以反映出流水施工速度的快慢、节奏感的强弱和资源消耗量的多少。

(1)定额计算法

根据各施工段的工程量、能够投入的资源量(工人数、机械台数和材料量等),按下式进行计算:

$$t_i = \frac{Q_i}{S_i \times R_i \times N_i} \tag{2-1}$$

式中　t_i——某专业工作队在第 i 施工段的流水节拍;

　　　Q_i——某专业工队在第 i 施工段要完成的工程量;

　　　S_i——某专业工作队的计划产量定额;

　　　R_i——某专业工作队投入的工作人数或机械台数;

　　　N_i——某专业工作队的工作班次。

(2)经验估算法

它是依据以往的施工经验进行估算流水节拍的方法。一般为了提高其准确程度,往往先后估算出该流水节拍的最长、最短和正常(即最可能)三种时间,然后据此求出期望时间作为某专业工作队在某施工段上的流水节拍。所以,本法也称为三种时间估算法。其计算公式如下:

$$t_i = \frac{a_i + 4c_i + b_i}{6} \tag{2-2}$$

式中　t_i——某施工过程 i 在某施工段上的流水节拍;

　　　a_i——某施工过程 i 在某施工段上的最短估算时间;

　　　b_i——某施工过程 i 在某施工段上的最长估算时间;

　　　c_i——某施工过程 i 在某施工段上的正常估算时间。

这种方法多用于采用新工艺、新方法和新材料等没有定额可循的工程或项目。

2.流水步距

流水步距是指两个相邻工作队（或施工过程）在同一施工段上相继开始作业的时间间隔，以符号 k 表示。

(1)确定流水步距的原则

①流水步距要满足相邻两个专业工作队在施工顺序上的相互制约关系。

②流水步距要保证各专业工作队都能连续作业。

③流水步距要保证相邻两个专业工作队，在开工时间上最大限度及合理地搭接。

④流水步距的确定要保证工程质量，满足安全生产需要。

(2)确定流水步距的方法

流水步距一般随流水组织方式而定，有以下几种情况：

①当组织全等节拍流水时，流水步距是常数且等于流水节拍。

②当组织成倍节拍流水时，流水步距等于流水节拍的最大公约数。

③当组织不定节拍流水时，流水步距是变数，其值的确定可通过累加数列错位相减求大差法计算。

3.平行搭接时间

组织流水施工时，有时为了缩短工期，在工作面允许的条件下，如果前一个专业工作队完成部分施工任务后，能够提前为后一个专业工作队提供工作面，使后者提前进入该工作面，两者在同一施工段上平行搭接施工，这个搭接时间称为平行搭接时间，如绑扎钢筋与支模板可平行搭接一段时间。平行搭接时间通常以 $C_{j,j+1}$ 表示。

4.间歇时间

组织流水施工时，由于施工工艺技术要求或组织要求，使相邻两施工过程在流水步距以外需增加一段间歇等待时间，称为间歇时间。如混凝土浇筑后的养护时间、砂浆抹面和油漆面的干燥时间及墙体砌筑前的墙身位置弹线等。技术组织间歇时间以 $Z_{j,j+1}$ 表示。

5.流水施工工期

流水施工工期是指从第一个专业工作队投入施工开始，到最后一个专业工作队完成施工为止的整个持续时间。由于一项建设工程往往包含有许多流水组，故流水施工工期一般不是整个工程的总工期。

任务三　流水施工计算

2.3.1　全等节拍流水施工

1.组织全等节拍流水施工的条件

当所有的施工过程在各个施工段上的流水节拍彼此相等，这时组织的流水施工方式称为全等节拍流水。组织这种流水施工，第一，尽量使各施工段的工程量基本相等；第二，要先确定主导施工过程的流水节拍；第三，使其他施工过程的流水节拍与主导施工过程的流水节拍相等，做到这一点的办法主要是调节各专业队的人数。

2.组织方法

(1)确定项目施工起点流向,分解施工过程。

(2)确定施工顺序,划分施工段。

(3)确定流水节拍。根据全等节拍流水要求,应使各流水节拍相等。

(4)确定流水步距,$k=t$。

(5)计算流水施工的工期。

流水施工的工期可按下式进行计算:

$$T = (j \times m + n - 1) \times k + \sum Z_1 - \sum C \qquad (2-3)$$

式中　T——流水施工总工期;

　　　j——施工层数;

　　　m——施工段数;

　　　n——施工过程数;

　　　k——流水步距;

　　　Z_1——两施工过程在同一层内的技术组织间歇时间;

　　　C——同一层内两施工过程间的平行搭接时间。

(6)绘制流水施工指示图表,如图2-2所示。

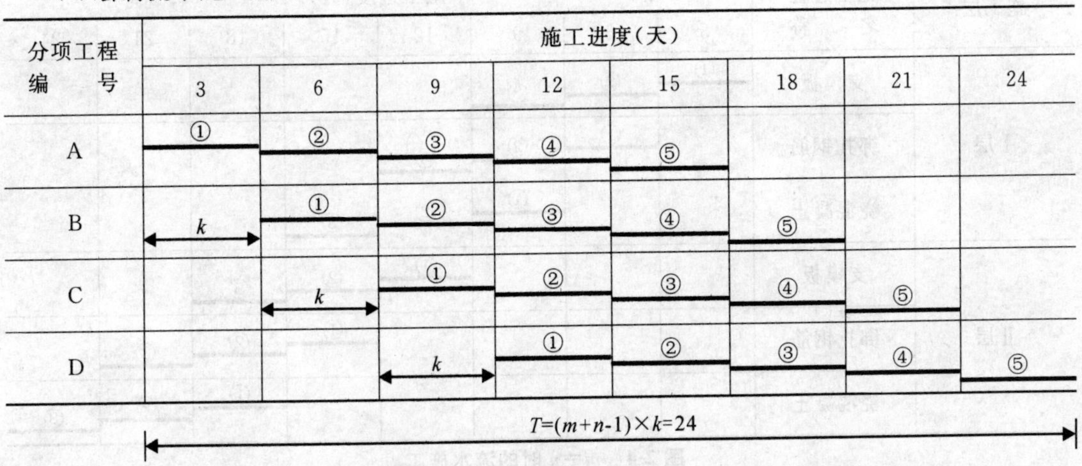

分项工程编号	施工进度(天)							
	3	6	9	12	15	18	21	24
A	①	②	③	④	⑤			
B	k	①	②	③	④	⑤		
C		k	①	②	③	④	⑤	
D			k	①	②	③	④	⑤

$T=(m+n-1)\times k=24$

图 2-2　全等节拍流水施工

【例 2-2】　某两层现浇钢筋混凝土工程,有支模板、绑扎钢筋和浇混凝土三个施工过程,即 $n=3$。在竖向上划分为两个施工层,即结构层与施工层相一致。如流水节拍都是3天(可通过调整劳动力人数来实现),试分别按以下三种情况组织全等节拍流水:

(1)施工段数 $m=4$;

(2)施工段数 $m=3$;

(3)施工段数 $m=2$。

【解】　按全等节拍流水施工组织方法,则流水施工的开展状况如图2-3~图2-5所示。可以看出:

(1)当施工段数 m 大于施工过程数 n,各施工段上不能连续有工作队在工作,但各工作队能连续工作,不会产生窝工现象。

(2)当施工段数 m 等于施工过程数 n,各工作队都能连续工作,且各施工段上都能连续有工作队在工作。

（3）当施工段数 m 小于施工过程数 n，各工作队不能连续工作，产生窝工现象，但各施工段上能连续地有工作队在工作。

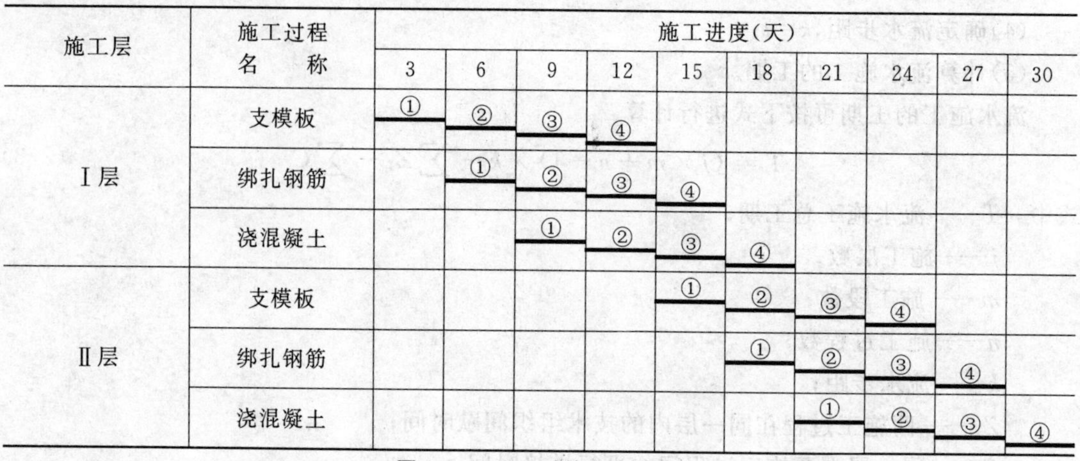

施工层	施工过程名 称	施工进度（天）									
		3	6	9	12	15	18	21	24	27	30
Ⅰ层	支模板	①	②	③	④						
	绑扎钢筋		①	②	③	④					
	浇混凝土			①	②	③	④				
Ⅱ层	支模板					①	②	③	④		
	绑扎钢筋						①	②	③	④	
	浇混凝土							①	②	③	④

图 2-3 $m > n$ 时的流水施工

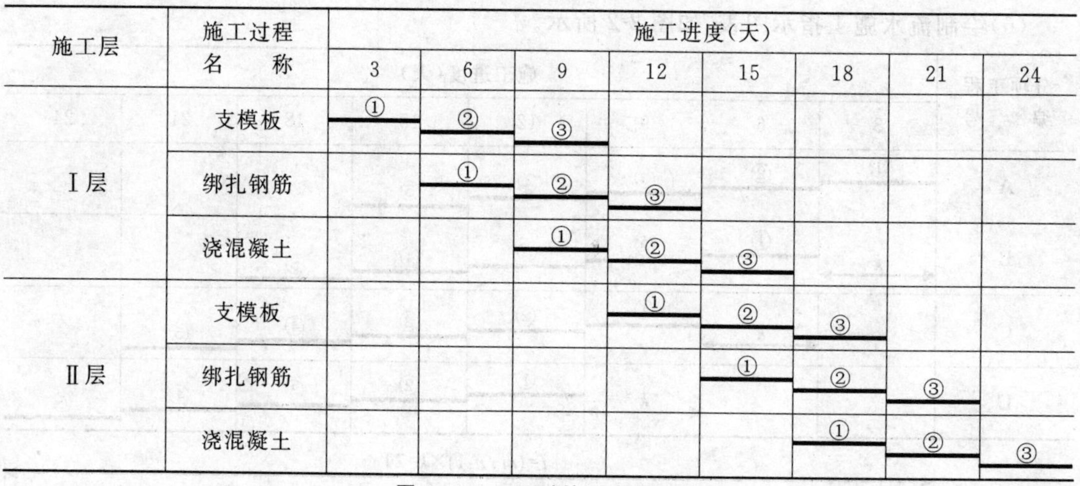

施工层	施工过程名 称	施工进度（天）							
		3	6	9	12	15	18	21	24
Ⅰ层	支模板	①	②	③					
	绑扎钢筋		①	②	③				
	浇混凝土			①	②	③			
Ⅱ层	支模板				①	②	③		
	绑扎钢筋					①	②	③	
	浇混凝土						①	②	③

图 2-4 $m = n$ 时的流水施工

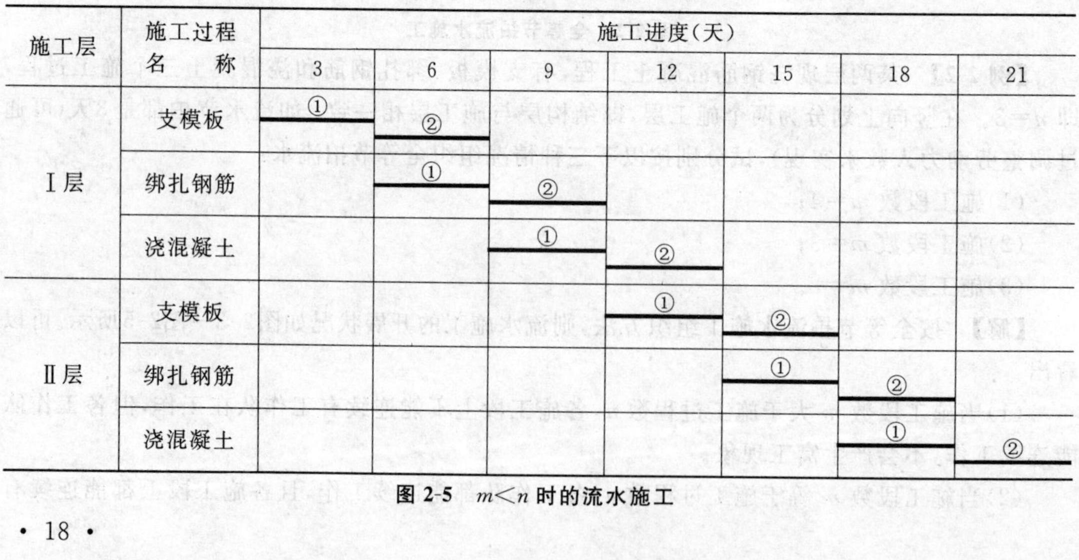

施工层	施工过程名 称	施工进度（天）						
		3	6	9	12	15	18	21
Ⅰ层	支模板	①	②					
	绑扎钢筋		①	②				
	浇混凝土			①	②			
Ⅱ层	支模板				①	②		
	绑扎钢筋					①	②	
	浇混凝土						①	②

图 2-5 $m < n$ 时的流水施工

3．多层建筑物有技术间歇和平行搭接

组织多层建筑物有技术间歇和平行搭接的流水施工时，为保证工作队在层间连续施工，施工段数目 m 应满足下列条件：

$$m \geqslant \sum b_i + (\sum Z_1 - \sum T_d)/k + Z_2/k \qquad (2\text{-}4)$$

式中　$\sum b_i$——施工班组数之和；

　　　$\sum Z_1$——一个楼层内各施工过程间的技术组织间歇时间之和；

　　　Z_2——楼层间技术组织间歇时间的最大值；

　　　k——流水步距；

　　　$\sum T_d$——一层内平行搭接时间之和。

【例 2-3】　某项目有Ⅰ、Ⅱ、Ⅲ、Ⅳ四个施工过程，分两个施工层组织流水施工，施工过程Ⅱ完成后需养护 1 天，下一个施工过程Ⅲ才能施工，且层间技术间歇为 1 天，流水节拍均为 1 天。试确定施工段数，计算工期，绘制流水施工进度表（横道图）。

【解】　（1）确定流水步距：$k = t = t_i = 1$ 天

（2）确定施工段数：$m \geqslant \sum b_i + (\sum Z_1 - \sum T_d)/k + Z_2/k = 4 + \dfrac{1}{1} + \dfrac{1}{1} = 6$

（3）计算工期：$T = (j \times m + n - 1) \times k + \sum Z_1 - \sum C$

$$= (2 \times 6 + 4 - 1) \times 1 + 1 - 0$$

$$= 16（天）$$

（4）绘制流水施工进度表，见图 2-6。

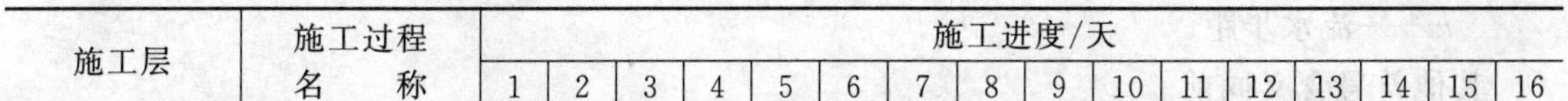

图 2-6　例 2-3 流水施工横道图

2.3.2　成倍节拍流水施工

1．组织成倍节拍流水施工的条件

当同一施工过程在各施工段上的流水节拍都相等，不同施工过程之间彼此的流水节拍全

部或部分不相等但互为倍数时,可组织成倍节拍流水施工。

2.组织方法

(1)确定施工起点流向,分解施工过程。

(2)确定流水节拍。

(3)确定流水步距 k,计算公式为

$$k = 各流水节拍最大公约数$$

(4)确定专业工作队数,计算公式为:

$$n' = \sum b_i = \sum t_i / k \qquad (2\text{-}5)$$

式中 t_i——i 施工过程的流水节拍;

b_i——施工过程 i 所要组织的专业工作队数;

n'——专业工作队总数。

(5)确定施工段数

①不分施工层时,可按划分施工段的原则确定施工段数,不一定要求 $m \geqslant n'$。

②分施工层时,施工段数应满足公式(2-4)的要求。

(6)确定计划总工期:

$$T = (j \times m + n' - 1) \times k + \sum Z_1 - \sum T_d$$

式中 j——施工层数;

n'——专业施工队数;

k——流水步距。

其他符号含义同前。

(7)绘制流水施工进度表。

3.应用举例

【例2-4】 某项目由Ⅰ、Ⅱ、Ⅲ三个施工过程组成,流水节拍分别为 2 天、6 天、4 天,试组织成倍节拍流水施工,并绘制流水施工的横道图进度表。

【解】 (1)确定流水步距 k=最大公约数｛2,6,4｝=2(天)

(2)求专业工作队数:

$$b_1 = \frac{t_1}{k_b} = \frac{2}{2} = 1(队)$$

$$b_2 = \frac{t_2}{k_b} = \frac{6}{2} = 3(队)$$

$$b_3 = \frac{t_3}{k_b} = \frac{4}{2} = 2(队)$$

$$n' = \sum_{i=1}^{3} b_i = \frac{12}{2} = 6 \ (队)$$

(3)求施工段数:为了使各专业工作队都能连续有节奏工作,取 $m = n' = 6$ 段。

(4)计算工期:$T = (6 + 6 - 1) \times 2 = 22$(天)。

(5)绘制流水施工进度表,见图2-7。

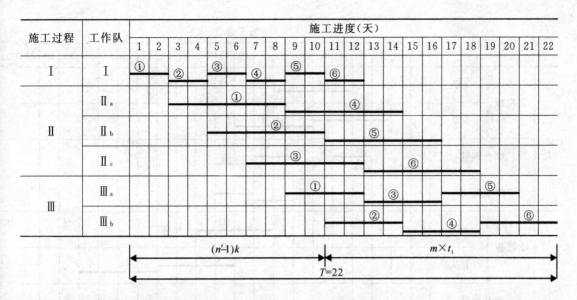

图 2-7 例 2-4 流水施工横道图

【例 2-5】 某两层现浇钢筋混凝土工程,有支模板、绑扎钢筋、浇混凝土三道工序,流水节拍分别为 4 天、2 天、2 天,绑扎钢筋与支模板可搭接 1 天,层间技术间歇为 1 天。试组织成倍节拍流水施工。

【解】 (1)确定流水步距:k＝各流水节拍的最大公约数＝2(天)

(2)求工作队数:

$$b_1 = \frac{t_1}{k} = \frac{4}{2} = 2(队)$$

$$b_2 = \frac{t_2}{k} = \frac{2}{2} = 1(队)$$

$$b_3 = \frac{t_3}{k} = \frac{2}{2} = 1(队)$$

$$n' = \sum_{i=1}^{3} b_i = 2 + 1 + 1 = 4(队)$$

(3)求施工段数:

$$m = n' + \frac{\sum Z_1}{k} + \frac{\sum Z_2}{k} - \frac{\sum C}{k}$$

$$= 4 + \frac{0}{2} + \frac{1}{2} - \frac{1}{2}$$

$$= 4$$

(4)求总工期:

$$T = (j \times m + n' - 1)k + \sum Z_1 - \sum C$$

$$= (2 \times 4 + 4 - 1) \times 2 + 0 - 1$$

$$= 21(天)$$

(5)绘制流水施工进度表,见图 2-8。

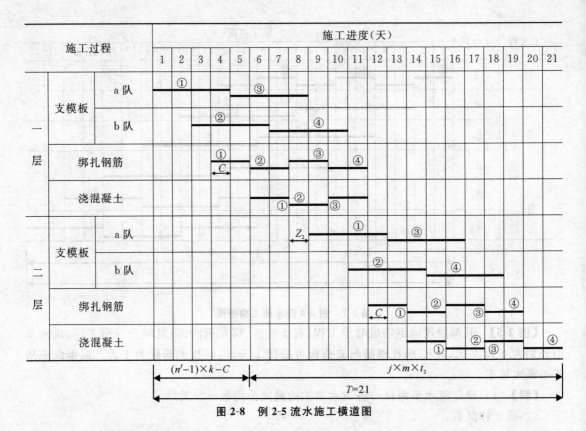

图 2-8　例 2-5 流水施工横道图

2.3.3　无节奏流水施工

2.3.3.1　组织无节奏流水施工的条件

在组织流水施工时,经常由于工程结构形式、施工条件不同等原因,使得各施工过程在各施工段上的工程量有较大差异,导致各施工过程的流水节拍差异很大,无任何规律。这时,可组织无节奏流水施工,最大限度地实现连续作业。这种无节奏流水,亦称分别流水,是工程项目流水施工的普遍方式。

2.3.3.2　组织方式

1.充分利用工作面(空间连续)

(1)确定施工起点流向,分解施工过程。

(2)确定施工顺序,划分施工段。

(3)按相应的公式计算各施工过程在各个施工段上的流水节拍。

(4)按空间连续或时间连续的组织方法确定相邻两个专业工作队之间的流水步距。

2.保证班组无窝工的组织方式(时间连续)

按潘特考夫斯基定理即"累加数列错位相减求大差法"计算流水步距,方法如下:

(1)根据专业工作队在各施工段上的流水节拍,求累加数列。累加数列是指同一施工过程或同一专业工作队在各个施工段上的流水节拍的累加。

(2)根据施工顺序,对所求相邻的两累加数列,错位相减。

(3)取错位相减结果中数值最大者作为相邻专业工作队之间的流水步距。

(4)绘制流水施工进度表。

3.应用举例

【例 2-6】 某屋面工程有三道工序:保温层→找平层→卷材层,分三段进行流水施工,试分别绘制该工程时间连续和空间连续的横道图进度计划。各工序在各施工段上的作业持续时间如表 2-1 所示。

表 2-1 各工序作业持续时间表

施工过程	第一段	第二段	第三段
保温层	3 天	3 天	4 天
找平层	2 天	2 天	3 天
卷材层	1 天	1 天	2 天

【解】 (1)按时间连续组织流水施工

①确定流水步距:

首先求保温层与找平层两施工过程之间的流水步距。

$$
\begin{array}{r}
3,\ 6,\ 10 \\
-)\ \ 2,\ 4,\ 7 \\
\hline
3,\ 4,\ 6,-7
\end{array}
$$

$k_{a,b}=\max\{3,4,6,-7\}=6(天)$

同理可求出找平层与卷材层之间的流水步距为 5 天。

②绘制时间连续横道图进度计划,如图 2-9 所示。

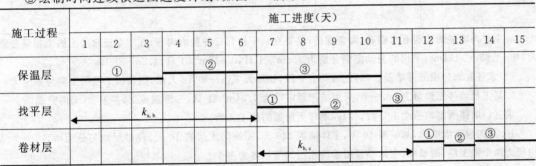

图 2-9 班组无窝工的无节奏流水施工

(2)按空间连续组织施工

①确定流水步距。按流水施工概念分别确定。

②绘制空间连续横道图进度计划,如图 2-10 所示。

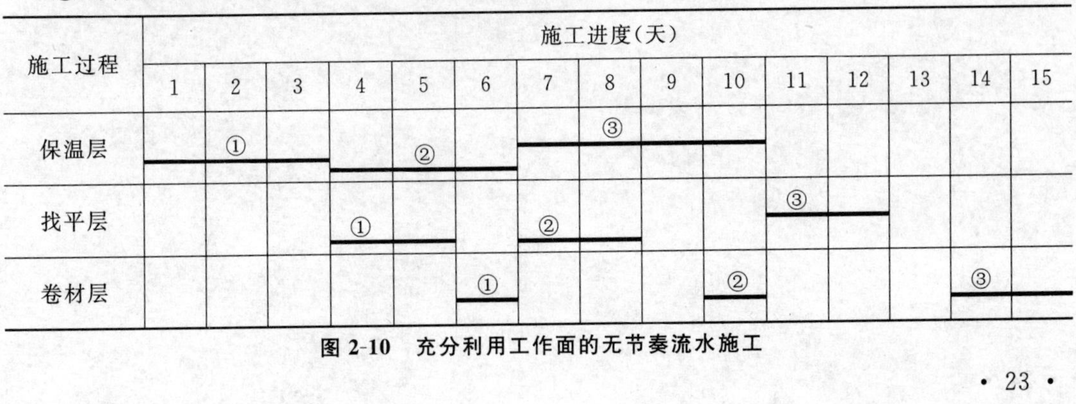

图 2-10 充分利用工作面的无节奏流水施工

思考与练习

1.何为流水施工组织？与依次施工、平行施工有哪些区别？

2.流水作业参数包括哪些？

3.流水施工有哪些组织方式？

4.某分部工程由四个分项工程组成，划分成五个施工段，流水节拍均为3天，无技术、组织间歇，试确定流水步距，计算工期，并绘制流水施工进度表。

5.某项目由Ⅰ、Ⅱ、Ⅲ、Ⅳ四个施工过程组成，划分两个层组织流水施工，施工过程Ⅱ完成后需养护1天，下一个施工过程才能施工，且层间技术间歇为1天，流水节拍均为1天。为了保证工作队连续作业，试确定施工段数，计算工期，绘制流水施工进度表。

6.某三层框架结构由支模、绑扎钢筋、浇混凝土等三个施工过程组成，支模和绑扎钢筋两个施工过程允许搭接2天，浇混凝土后需养护2天。流水节拍为支模6天、绑扎钢筋4天、浇混凝土2天。为了保证工作队连续作业，试确定施工段数，计算工期，绘制流水施工进度表。

7.某工程有三个施工过程，四个施工段，流水节拍如表2-2所示，试组织流水施工。

表2-2　某工程施工流水节拍

施工过程 施工段	Ⅰ	Ⅱ	Ⅲ	Ⅳ
一	2	3	2	1
二	1	2	1	2
三	3	1	2	1

8.工程外墙装饰工程有水刷石、陶瓷锦砖（马赛克）、干粘石三种装饰内容，在一个流水段上的工程量分别为：$40m^2$，$85m^2$，$124m^2$；采用的劳动定额分别为 $3.6m^2/$工日，$0.435m^2/$工日，$4.2m^2/$工日。

(1)求各装饰分项的劳动量。(2)此墙共有5段，如每天工作一班12人做，则装饰工程的工期为多少天？

9.某工程墙体工程量为$1026m^3$，采用的产量定额为$1.04m^3/$工日，一班制施工，要求30天内完成。

求：(1)墙体所需的劳动工日数；(2)砌墙每天所需的施工人数。

10.某四层砖混结构，基础需40天，主体墙需240天，屋面防水层需10天，现每层均匀分为两段，一个结构层为两个施工层，则基础、主体墙及屋面防水层的节拍各为多少？

情境三 网络计划技术

任务一 概　　述

3.1.1 网络计划技术的起源与发展

网络计划技术是一种科学的计划管理方法。它是随着现代科学技术和工业生产的发展而产生的。20世纪50年代，为了适应科学研究和新的生产组织管理的需要，国外陆续出现了一些计划管理的新方法。

1956年，美国杜邦化学公司的工程技术人员和数学家共同开发了关键线路法（Critical Path Method，简称CPM）。它首次运用于化工厂的建造和设备维修，大大缩短了工作时间，节约了费用。1958年，美国海军军械局针对舰载洲际导弹项目研究，开发了计划评审技术（Program Evaluation and Review Technique，简称PERT）。该项目运用网络方法，将研制导弹过程中各种合同进行综合权衡，有效地协调了成百上千个承包商的关系，而且提前完成了任务，并在成本控制上取得了显著的效果。20世纪60年代初期，网络计划技术在美国得到了推广，一切新建工程全面采用这种计划管理新方法，并开始将该方法引入日本和西欧部分国家。

目前，它已广泛地应用于世界各国的工业、国防、建筑、运输和科研等领域，已成为发达国家盛行的一种现代生产管理的科学方法。

近年来，由于电子计算机技术的飞速发展，边缘学科的相互渗透，网络计划技术同决策论、排队论、控制论、仿真技术相结合，应用领域不断拓宽，又相继产生了许多诸如搭接网络技术（PDN）、决策网络技术（DN）、图示评审技术（GERT）、风险评审技术（VERT）等一大批现代计划管理方法，广泛应用于工业、农业、建筑业、国防和科学研究领域。随着计算机的应用和普及，还开发了许多网络计划技术的计算和优化软件。

我国对网络计划技术的研究与应用起步较早。1965年，著名数学家华罗庚教授首先在我国的生产管理中推广和应用这些新的计划管理方法，并根据网络计划统筹兼顾、全面规划的特点，将其称为统筹法。改革开放以后，网络计划技术在我国的工程建设领域也得到迅速的推广和应用，尤其是在大中型工程项目的建设中，对其资源的合理安排、进度计划的编制、优化和控制等应用效果显著。目前，网络计划技术已成为我国工程建设领域中推行现代化管理必不可少的方法。

1992年，国家技术监督局和建设部先后颁布了中华人民共和国国家标准《网络计划技术》（GB/T 13400.1、13400.2、13400.3—92）三个标准（2013年实施新标准）和中华人民共和国行业标准《工程网络计划技术规程》[（JGJ/T 121—99），2015年实施新标准]，使工程网络计划技术在计划的编制与控制管理的实际应用中有了一个可遵循的、统一的技术标准，保证了计划的科学性，对提高工程项目的管理水平发挥了重大作用。

实践证明，网络计划技术的应用已取得了显著成绩，保证了工程项目质量、成本、进度目标的实现,也提高了工作效率,节约了项目资源。但网络计划技术同其他科学管理方法一样,也受到一定客观环境和条件的制约。网络计划技术是一种有效的管理手段,可提供定量分析信息,但工程规划、决策和实施还取决于各级领导和管理人员的水平。另外,网络计划技术的推广应用,需要有一批熟悉和掌握网络计划技术理论、应用方法和计算机软件的管理人员,需要提升工程项目管理的整体水平。

3.1.2 网络计划技术的分类

网络计划技术可以从不同的角度进行分类。

(1)按工作之间逻辑关系和持续时间的确定程度分类(图 3-1)

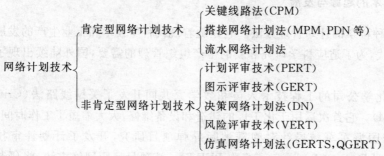

图 3-1 网络计划技术的分类

(2)按网络计划的基本元素——节点和箭线所表示的含义分类

①双代号网络计划(工作箭线网络计划);

②单代号搭接网络计划、单代号网络计划(工作节点网络计划);

③事件节点网络计划。事件节点网络是一种仅表示工程项目里程碑事件的很有效的网络计划方法。

(3)按目标分类

可以分为单目标网络计划和多目标网络计划。只有一个终点节点的网络计划是单目标网络计划,不只一个终点节点的网络计划是多目标网络计划。

(4)按层次分类

根据不同管理层次的需要而编制的范围大小不同、详略程度不同的网络计划,称为分级网络计划。以整个计划任务为对象编制的网络计划,称为总网络计划。以计划任务的某一部分为对象编制的网络计划,称为局部网络计划。

(5)按表达方式分类

以时间坐标为尺度绘制的网络计划,称为时标网络计划。不按时间坐标绘制的网络计划,称为非时标网络计划。

(6)按反映工程项目的详细程度分类

概要地描述项目进展的网络,称为概要网络计划。详细地描述项目进展的网络,称为详细网络计划。

3.1.3 网络计划技术的特点

网络计划技术作为现代管理方法与传统的计划管理方法相比较,具有明显优点,主要表现为:

（1）利用网络图模型，明确表达各项工作的逻辑关系。按照网络计划方法，在制订工程计划时，首先必须理清该项目内的全部工作和它们之间的相互关系，然后才能绘制网络图模型。

（2）通过网络图时间参数计算，确定关键工作和关键线路。

（3）掌握机动时间，进行资源合理分配。

（4）运用计算机辅助手段，方便网络计划的调整与控制。

3.1.4 常用网络计划技术

1. 双代号网络计划

（1）基本概念

双代号网络图是以箭线及其两端节点的编号表示工作的网络图。

（2）绘图规则

见第 3.2.1.3 节。

（3）双代号网络计划时间参数的计算

见第 3.3.1 节。

（4）关键工作和关键线路的确定

①关键工作。网络计划中总时差最小的工作是关键工作。

②关键线路。自始至终全部由关键工作组成的线路为关键线路，或线路上总的工作持续时间最长的线路为关键线路。网络图上的关键线路可用双线或粗线标注。

2. 双代号时标网络计划

双代号时标网络计划是以水平时间坐标为尺度编制的双代号网络计划，其主要特点有：

（1）时标网络计划兼有网络计划与横道计划的优点，它能够清楚地表明计划的时间进程，使用方便；

（2）时标网络计划能在图上直接显示出各项工作的开始与完成时间，工作的自由时差及关键线路；

（3）在时标网络计划中可以统计每一个单位时间对资源的需要量，以便进行资源优化和调整；

（4）由于箭线受到时间坐标的限制，当情况发生变化时，对网络计划的修改比较麻烦，往往要重新绘图。但在使用计算机以后，这一问题已较容易解决。

3. 单代号网络计划

（1）单代号网络图的特点

单代号网络图与双代号网络图相比，具有以下特点：

①工作之间的逻辑关系容易表达，且不用虚箭线，故绘图较简单；

②网络图便于检查和修改；

③由于工作持续时间表示在节点之中，没有长度，故不够形象直观；

④表示工作之间逻辑关系的箭线可能产生较多的纵横交叉现象。

（2）单代号网络图的绘图规则

见第 3.2.3 节。

（3）单代号网络计划时间参数的计算

①计算最早开始时间和最早完成时间；

②计算网络计划的计算工期 T_c；

③计算相邻两项工作之间的时间间隔 LAG_{i-j}；

④计算工作总时差 TF_i；

⑤计算工作自由时差；

⑥计算工作的最迟开始时间和最迟完成时间；

⑦关键工作和关键线路的确定。

4.单代号搭接网络计划

(1)基本概念

在普通双代号和单代号网络计划中,各项工作按依次顺序进行,即任何一项工作都必须在它的紧前工作全部完成后才能开始。

(2)绘图规则

与单代号网络图的绘图规则一致。

(3)单代号搭接网络计划中的搭接关系

①完成到开始时距(FTS_{i-j})的连接方法；

②完成到完成时距(FTF)的连接方法；

③开始到开始时距(STS_{i-j})的连接方法；

④开始到完成时距(STF_{i-j})的连接方法；

⑤混合时距的连接方法。

(4)单代号搭接网络计划的时间参数计算

与单代号网络计划的时间参数计算一致。

(5)关键工作和关键线路的确定

①确定关键工作；

②确定关键线路。

任务二 网络计划的绘制

3.2.1 双代号网络图的组成

双代号网络图是以箭线及其两端节点的编号表示工作的网络图,如图 3-2 所示。从图中可以看出双代号网络图由箭线、节点、线路三个基本要素组成。

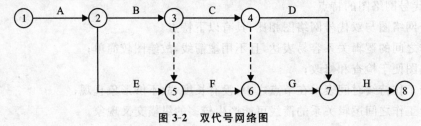

图 3-2 双代号网络图

3.2.1.1 基本要素

1.箭线(工作)

(1)在双代号网络图中,每一条箭线表示一项工作。箭线的箭尾节点表示该工作的开始,箭头节点表示该工作的结束。工作的名称标注在箭线的上方,完成该项工作所需要的持续时间标注在箭线的下方,如图 3-3 所示。由于一项工作需用一条箭线和其箭尾、箭头处两个圆圈中的号码来表示,故称为双代号表示法。

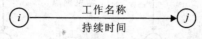

图 3-3 双代号表示法

(2)在双代号网络图中,任意一条实箭线都要占用时间、消耗资源(有时只占时间,不消耗资源,如混凝土的养护)。在建筑工程中,一条箭线表示项目中的一个施工过程,它可以是一道工序、一个分项工程、一个分部工程或一个单位工程,其粗细程度、大小范围的划分根据计划任务的需要来确定。

(3)在双代号网络图中,为了正确地表达图中工作之间的逻辑关系,往往需要应用虚箭线,其表示方法如图 3-4 所示。

图 3-4 双代号网络图虚工作表示法

虚箭线是实际工作中并不存在的一项虚工作,故它们既不占用时间,也不消耗资源,一般起着工作之间的联系、区分和断路三个作用。联系作用是指应用虚箭线正确表达工作之间相互依存的关系;区分作用是指双代号网络图中每一项工作都必须用一条箭线和两个代号表示,若两项工作的代号相同时,应使用虚工作加以区分,如图 3-5 所示;断路作用是用虚箭线断掉多余联系(即在网络图中把无联系的工作连接上时,应加上虚工作将其断开)。

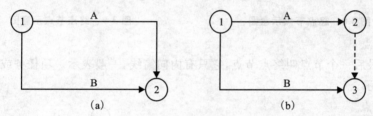

图 3-5 虚箭线的区分作用

(a)错误画法;(b)正确画法

(4)在无时间坐标限制的网络图中,箭线的长度原则上可以任意画,其占用的时间以下方标注的时间参数为准。箭线可以为直线、折线或斜线,但其行进方向均应从左向右,如图 3-6 所示。在有时间坐标限制的网络图中,箭线的长度必须根据完成该工作所需持续时间的多少按比例绘制。

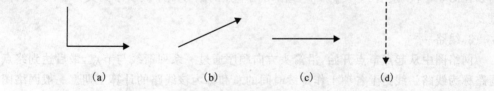

图 3-6 箭线的表达形式

(5)在双代号网络图中,各项工作之间的关系如图 3-7 所示。通常将被研究的对象称为本工作,用 $i-j$ 工作表示,紧排在本工作之前的工作称为紧前工作,紧排在本工作之后的工作称为紧后工作,与之平行进行的工作称为平行工作。

2.节点(又称结点、事件)

节点是网络图中箭线之间的连接点。在双代号网络图中,节点既不占用时间也不消耗资源,是个瞬时值,即它只表示工作的开始或结束的瞬间,起着承上启下的衔接作用。网络图中

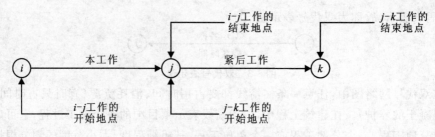

图 3-7 箭尾节点和箭头节点

有三种类型的节点：

(1)起点节点

网络图的第一个节点叫起点节点，它只有外向箭线，一般表示一项任务或一个项目的开始，如图 3-8 所示。

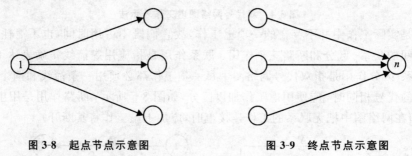

图 3-8 起点节点示意图   图 3-9 终点节点示意图

(2)终点节点

网络图的最后一个节点叫终点节点，它只有内向箭线，一般表示一项任务或一个项目的完成，如图 3-9 所示。

(3)中间节点

网络图中即有内向箭线，又有外向箭线的节点称为中间节点，如图 3-10 所示。

(4)在双代号网络图中，节点应用圆圈表示，并在圆圈内编号。一项工作应当只有唯一的一条箭线和相应的一对节点，且要求箭尾节点的编号小于其箭头节点的编号。

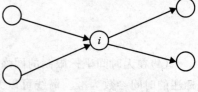

图 3-10 中间节点示意图

例如在图 3-7 中，应有：$i < j < k$。网络图节点的编号顺序应从小到大，可不连续，但不允许重复。

3.线路

网络图中从起点节点开始，沿箭头方向顺序通过一系列箭线与节点，最后达到终点节点的通路称为线路。线路上各项工作持续时间的总和称为该线路的计算工期。一般网络图有多条线路，可依次用该线路上的节点代号来记述，例如网络图 3-2 中的线路有：①—②—③—④—⑦—⑧，①—②—⑤—⑥—⑦—⑧等，其中最长的一条线路被称为关键线路，位于关键线路上的工作称为关键工作。

3.2.1.2 逻辑关系

网络图中工作之间相互制约或相互依赖的关系称为逻辑关系，它包括工艺关系和组织关系，在网络中均应表现为工作之间的先后顺序。

1.工艺关系

生产性工作之间由工艺过程决定的、非生产性工作之间由工作程序决定的先后顺序叫工艺关系。

2.组织关系

工作之间由于组织安排需要或资源(人力、材料、机械设备和资金等)调配需要而规定的先后顺序关系叫组织关系。

网络图必须正确地表达整个工程或任务的工艺流程和各工作开展的先后顺序及它们之间相互依赖、相互制约的逻辑关系,因此,绘制网络图时必须遵循一定的基本规则和要求。

3.2.1.3 绘图规则

(1)双代号网络图必须正确表达已定的逻辑关系。

(2)双代号网络图中,严禁出现循环回路。

所谓循环回路是指从网络图中的某一个节点出发,顺着箭线方向又回到了原来出发点的线路。如图 3-11 所示。

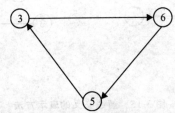

图 3-11 循环回路示意图

(3)双代号网络图中,在节点之间严禁出现带双向箭头或无箭头的连线。如图 3-12 所示。

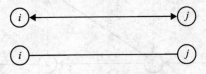

图 3-12 箭线的错误画法

(4)双代号网络图中,严禁出现没有箭头节点或没有箭尾节点的箭线。如图 3-13 所示。

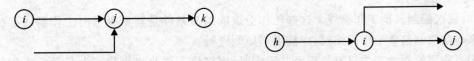

图 3-13 没有箭头和箭尾节点的箭线

(5)当双代号网络图的某些节点有多条外向箭线或多条内向箭线时,为使图形简洁,可使用母线法绘制(但应满足一项工作用一条箭线和相应的一对节点表示),如图 3-14 所示。

(6)绘制网络图时,箭线不宜交叉;当交叉不可避免时,可用过桥法或指向法。如图 3-15 所示。

(7)双代号网络图中应只有一个起点节点和一个终点节点(多目标网络计划除外);而其他所有节点均应是中间节点。如图 3-16 所示。

3.2.2 双代号网络图绘图方法

当已知每一项工作的紧前工作时,可按下述步骤绘制双代号网络图:

(1)绘制没有紧前工作的工作箭线,使它们具有相同的开始节点,以保证网络图只有一个

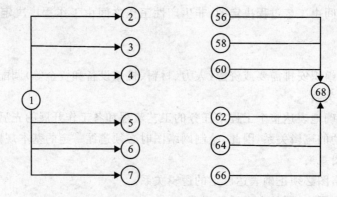

图 3-14　母线表示方法

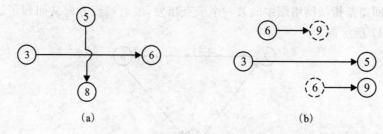

(a)　　　　　　　　　　　　　　　(b)

图 3-15　箭线交叉的表示方法

(a)过桥法;(b)指向法

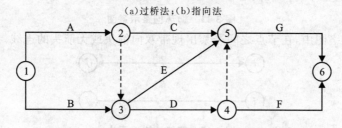

图 3-16　一个起点节点,一个终点节点的网络图

起点节点。

（2）依次绘制其他工作箭线。这些工作箭线的绘制条件是其所有紧前工作箭线都已经绘制出来。在绘制这些工作箭线时,应按下列原则进行:

①当所要绘制的工作只有一项紧前工作时,则将该工作箭线直接画在其紧前工作箭线之后即可。

②当所要绘制的工作有多项紧前工作时,应按以下四种情况分别予以考虑:

a.对于所要绘制的工作(本工作)而言,如果在其紧前工作之中存在一项只作为本工作紧前工作的工作(即在紧前工作栏目中,该紧前工作只出现一次),则应将本工作箭线直接画在该紧前工作箭线之后,然后用虚箭线将其他紧前工作箭线的箭头节点与本工作箭线的箭尾节点分别相连,以表达它们之间的逻辑关系。

b.对于所要绘制的工作(本工作)而言,如果在其紧前工作之中存在多项只作为本工作紧前工作的工作,应先将这些紧前工作箭线的箭头节点合并,再从合并后的节点开始,画出本工作箭线,最后用虚箭线将其他紧前工作箭线的箭头节点与本工作箭线的箭尾节点分别相连,以表达它们之间的逻辑关系。

c.对于所要绘制的工作(本工作)而言,如果不存在情况 a 和情况 b 时,应判断本工作的所

有紧前工作是否都同时作为其他工作的紧前工作(即在紧前工作栏目中,这几项紧前工作是否均同时出现若干次)。如果上述条件成立,应先将这些紧前工作箭线的箭头节点合并后,再从合并后的节点开始画出本工作箭线。

d.对于所要绘制的工作(本工作)而言,如果既不存在情况 a 和情况 b,也不存在情况 c 时,则应将本工作箭线单独画在其紧前工作箭线之后的中部,然后用虚箭线将其各紧前工作箭线的箭头节点与本工作箭线的箭尾节点分别相连,以表达它们之间的逻辑关系。

(3)当各项工作箭线都绘制出来之后,应合并那些没有紧后工作的工作箭线的箭头节点,以保证网络图只有一个终点节点(多目标网络计划除外)。

(4)当确认所绘制的网络图正确后,即可进行节点编号。网络图的节点编号在满足前述要求的前提下,既可采用连续的编号方法,也可采用不连续的编号方法,如 1,3,5,…或 5,10,15,…等,以避免以后增加工作时改动整个网络图的节点编号。

以上所述是已知每一项工作的紧前工作时的绘图方法,当已知每一项工作的紧后工作时,也可按类似的方法进行网络图的绘制,只是其绘图顺序由前述的从左向右改为从右向左。

现举例说明前述双代号网络图的绘制方法。

【例 3-1】 已知各工作之间的逻辑关系如表 3-1 所示,试绘制其双代号网络图。

表 3-1 工作间的逻辑关系

工　作	A	B	C	D
紧前工作	—	—	A、B	B

【解】 绘制步骤:

(1)绘制工作箭线 A 和工作箭线 B,如图 3-17(a)所示。

(2)按前述原则②中的情况 a 绘制工作箭线 C,如图 3-17(b)所示。

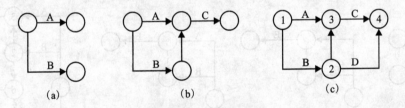

图 3-17 例 3-1 绘图过程

(3)按前述原则①绘制工作箭线 D 后,将工作箭线 C 和 D 的箭头节点合并,以保证网络图只有一个终点节点。当确认给定的逻辑关系表达正确后,再进行节点编号。表 3-1 给定逻辑关系所对应的双代号网络图如图 3-17(c)所示。

【例 3-2】 已知各工作之间的逻辑关系如表 3-2 所示,试绘制其双代号网络图。

表 3-2 工作逻辑关系表

工　作	A	B	C	D	E
紧前工作	—	—	A	A、B	B

【解】 绘制步骤:

(1)绘制工作箭线 A 和工作箭线 B,如图 3-18(a)所示。

(2)按前述原则①分别绘制工作箭线 C 和工作箭线 E,如图 3-18(b)所示。

(3)按前述原则②中的情况 d 绘制工作箭线 D,并将工作箭线 C、工作箭线 D 和工作箭线正的箭头节点合并,以保证网络图的终点节点只有一个。当确认给定的逻辑关系表达正确后,再进行节点编号。表 3-2 给定逻辑关系所对应的双代号网络图如图 3-18(c)所示。

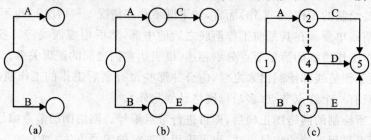

图 3-18　例 3-2 绘图过程

【例 3-3】　已知各工作之间的逻辑关系如表 3-3 所示,试绘制其双代号网络图。

表 3-3　工作逻辑关系表

工　作	A	B	C	D	E	G	H
紧前工作	—	—	—	—	A、B	B、C、D	C、D

【解】　绘制步骤:

(1)绘制工作箭线 A、箭线 B、箭线 C、箭线 D,如图 3-19(a)所示。

(2)按前述原则②中的情况 a 绘制工作箭线 E,如图 3-19(b)所示。

(3)按前述原则②中的情况 b 绘制工作箭线 H,如图 3-19(c)所示。

(4)按前述原则②中的情况 d 绘制工作箭线 G,并将工作箭线 E、工作箭线 G 和工作箭线 H 的箭头节点合并,以保证网络的终点节点只有一个。当确认给定的逻辑关系表达正确后,再进行节点编号。表 3-3 给定逻辑关系所对应的双代号网络图如图 3-19(d)所示。

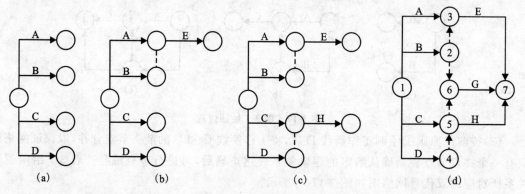

图 3-19　例 3-3 绘图过程

3.2.3　单代号网络图的绘制规则

单代号网络图的绘图规则与双代号网络图的绘图规则基本相同,故不再详细解释。

(1)单代号网络图必须正确表达已定的逻辑关系。

(2)单代号网络图中,严禁出现循环回路。

(3)单代号网络图中,严禁出现双向箭头或无箭头的连线。

（4）单代号网络图中，严禁出现没有箭尾节点的箭线和没有箭头节点的箭线。

（5）绘制网络图时，箭线不宜交叉，当交叉不可避免时，可采用过桥法或指向法绘制。

（6）单代号网络图中只应有一个起点节点和一个终点节点。当网络图中有多项开始工作时，应增设一项虚拟的工作(S)，作为该网络图的起点节点；当网络图中有多项结束工作时，应增设一项虚拟的工作(F)，作为该网络图的终点节点。如图 3-20 所示，其中 S 和 F 为虚拟工作。

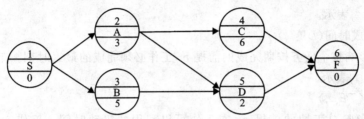

图 3-20　具有虚拟起点节点和终点节点的单代号网络图

任务三　网络计划时间参数的计算

3.3.1　双代号网络计划时间参数的计算

双代号网络计划时间参数计算的目的在于通过计算各项工作的时间参数，确定网络计划的关键工作、关键线路和计算工期，为网络计划的优化、调整和执行提供明确的时间参数。双代号网络计划时间参数的计算方法很多，一般常用的有：按工作计算法和按节点计算法进行计算；在计算方式上又有分析计算法、表上计算法、图上计算法、矩阵计算法和电算法等。

3.3.1.1　时间参数的概念及其符号

1. 工作持续时间(D_{i-j})

工作持续时间是指一项工作规定的从开始到完成的时间。在双代号网络计划中，工作 $i-j$ 的持续时间用 D_{i-j} 表示。

2. 工期(T)

工期泛指完成任务所需要的时间，一般有以下三种：

（1）计算工期：根据网络计划时间参数计算出来的工期，用 T_c 表示。

（2）要求工期：任务委托人所要求的工期，用 T_r 表示。

（3）计划工期：在要求工期和计算工期的基础上综合考虑需要和可能而确定的工期，用 T_p 表示。网络计划的计划工期 T_p 应按下列情况分别确定：

①当已规定了要求工期 T_r 时，

$$T_p \leqslant T_r \tag{3-1}$$

②当未规定要求工期时，可令计划工期等于计算工期，

$$T_p = T_c \tag{3-2}$$

3. 网络计划中工作的六个时间参数

（1）最早开始时间(ES_{i-j})

是指在各紧前工作全部完成后，本工作有可能开始的最早时刻。工作 $i-j$ 的最早开始时

间用 ES_{i-j} 表示。

(2)最早完成时间（EF_{i-j}）

是指在各紧前工作全部完成后，本工作有可能完成的最早时刻。工作 $i-j$ 的最早完成时间用 EF_{i-j} 表示。

(3)最迟开始时间（LS_{i-j}）

是指在不影响整个任务按期完成的前提下，工作必须开始的最迟时刻。工作 $i-j$ 的最迟开始时间用 LS_{i-j} 表示。

(4)最迟完成时间（LF_{i-j}）

是指在不影响整个任务按期完成的前提下，工作必须完成的最迟时刻。工作 $i-j$ 的最迟完成时间用 LF_{i-j} 表示。

(5)总时差（TF_{i-j}）

是指在不影响总工期的前提下，本工作可以利用的机动时间。工作 $i-j$ 的总时差用 TF_{i-j} 表示。

(6)自由时差（FF_{i-j}）

是指在不影响其紧后工作最早开始的前提下，本工作可以利用的机动时间。工作 $i-j$ 的自由时差用 FF_{i-j} 表示。

按工作计算法计算网络计划中各时间参数，其计算结果应标注在箭线之上，如图 3-21 所示。

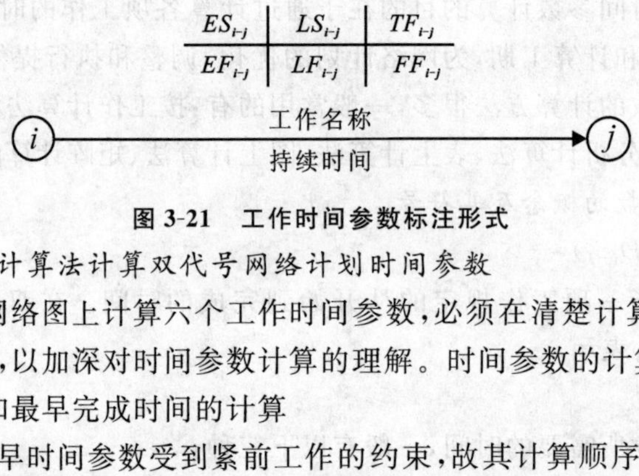

| ES_{i-j} | LS_{i-j} | TF_{i-j} |
| EF_{i-j} | LF_{i-j} | FF_{i-j} |

工作名称
i ────────────────────→ j
持续时间

图 3-21 工作时间参数标注形式

3.3.1.2 按工作计算法计算双代号网络计划时间参数

按工作计算法在网络图上计算六个工作时间参数，必须在清楚计算顺序和计算步骤的基础上，列出必要的公式，以加深对时间参数计算的理解。时间参数的计算步骤为：

1. 最早开始时间和最早完成时间的计算

从上所述，工作最早时间参数受到紧前工作的约束，故其计算顺序应从起点节点开始，顺着箭线方向依次逐项计算。

(1)以网络计划的起点节点为开始节点的工作的最早开始时间为零。如网络计划起点节点的编号为1，则：

$$ES_{i-j} = 0(i = 1) \tag{3-3}$$

(2)顺着箭线方向依次计算各个工作的最早完成时间和最早开始时间。

①最早完成时间等于最早开始时间加上其持续时间：

$$EF_{i-j} = ES_{i-j} + D_{i-j} \tag{3-4}$$

②最早开始时间等于各紧前工作的最早完成时间 EF_{h-i} 的最大值：

$$ES_{i-j} = \max[EF_{h-i}] \tag{3-5}$$

或

$$ES_{i-j} = \max[ES_{h-i} + D_{h-i}] \tag{3-6}$$

2. 确定计算工期 T_c。

计算工期等于以网络计划的终点节点为箭头节点的各个工作的最早完成时间的最大值。当网络计划终点节点的编号为 n 时,计算工期:

$$T_c = \max[EF_{i-n}] \tag{3-7}$$

当无要求工期的限制时,取计划工期等于计算工期,即取:$T_P = T_c$。

3. 最迟开始时间和最迟完成时间的计算

工作最迟时间参数受到紧后工作的约束,故其计算顺序应从终点节点起,逆着箭线方向依次逐项计算。

(1)以网络计划的终点节点($j=n$)为箭头节点的工作的最迟完成时间等于计划工期 T_p,即:

$$LF_{i-n} = T_p \tag{3-8}$$

(2)逆着箭线方向依次计算各个工作的最迟开始时间和最迟完成时间。

①最迟开始时间等于最迟完成时间减去其持续时间:

$$LS_{i-j} = LF_{i-j} - D_{i-j} \tag{3-9}$$

②最迟完成时间等于各紧后工作的最迟开始时间 LS_{j-k} 的最小值:

$$LF_{i-j} = \min[LS_{j-k}] \tag{3-10}$$

或

$$LF_{i-j} = \min[LF_{j-k} - D_{j-k}] \tag{3-11}$$

4. 计算工作总时差

总时差等于其最迟开始时间减去最早开始时间,或等于最迟完成时间减去最早完成时间:

$$TF_{i-j} = LS_{i-j} - ES_{i-j} \tag{3-12}$$

$$TF_{i-j} = LF_{i-j} - EF_{i-j} \tag{3-13}$$

5. 计算工作自由时差

当工作 $i-j$ 有紧后工作 $j-k$ 时,其自由时差应为:

$$FF_{i-j} = ES_{j-k} - EF_{i-j} \tag{3-14}$$

或

$$FF_{i-j} = ES_{j-k} - ES_{i-j} - D_{i-j} \tag{3-15}$$

以网络计划的终点节点($j=n$)为箭头节点的工作,其自由时差 FF_{i-n} 应按网络计划的计划工期 T_p 确定,即:

$$FF_{i-n} = T_p - EF_{i-n} \tag{3-16}$$

6. 关键工作和关键线路的确定

(1)关键工作

总时差最小的工作是关键工作。

(2)关键线路

自始至终全部由关键工作组成的线路为关键线路,或线路上总的工作持续时间最长的线路为关键线路。网络图上的关键线路可用双线或粗线标注。

【例 3-4】 已知网络计划的资料如表 3-4 所示,试绘制双代号网络计划;若计划工期等于计算工期,试计算各项工作的六个时间参数并确定关键线路,标注在网络计划上。

表 3-4　网络计划资料表

工作名称	A	B	C	D	E	F	H	G
紧前工作	—	—	B	B	A,C	A,C	D,F	D、E、F
持续时间(天)	4	2	3	3	5	6	5	3

【解】 (1)根据表 3-4 中网络计划的有关资料,按照网络图的绘图规则,绘制双代号网络图如图 3-22 所示。

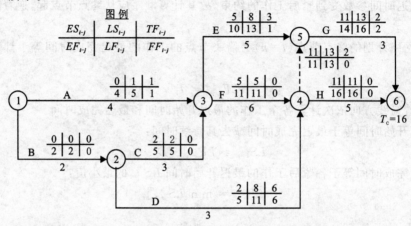

图 3-22　双代号网络计划时间参数计算实例

(2)计算各项工作的时间参数,并将计算结果标注在箭线上方相应的位置。

a.计算各项工作的最早开始时间和最早完成时间

从起点节点(①节点)开始顺着箭线方向依次逐项计算到终点节点(⑥节点)。

(a)以网络计划起点节点为开始节点的各工作的最早开始时间为零:

$$ES_{1-2}=ES_{1-3}=0$$

(b)计算各项工作的最早开始和最早完成时间:

$$EF_{1-2}=ES_{1-2}+D_{1-2}=0+2=2$$

$$EF_{1-3}=ES_{1-3}+D_{1-3}=0+4=4$$

$$ES_{2-3}=ES_{2-4}=EF_{1-2}=2$$

$$EF_{2-3}=ES_{2-3}+D_{2-3}=2+3=5$$

$$EF_{2-4}=ES_{2-4}+D_{2-4}=2+3=5$$

$$ES_{3-4}=ES_{3-5}=\max[EF_{1-3},EF_{2-3}]=\max[4,5]=5$$

$$EF_{3-4}=ES_{3-4}+D_{3-4}=5+6=11$$

$$EF_{3-5}=ES_{3-5}+D_{3-5}=5+5=10$$

$$ES_{4-6}=ES_{4-5}=\max[EF_{3-4},EF_{2-4}]=\max[11,5]=11$$

$$EF_{4-6}=ES_{4-6}+D_{4-6}=11+5=16$$

$$EF_{4-5}=11+0=11$$

$$ES_{5-6}=\max[EF_{3-5},EF_{4-5}]=\max[10,11]=11$$

$$ES_{5-6}=11+3=14$$

将以上计算结果标注在图 3-22 的相应位置。

b.确定计算工期 T_c 及计划工期 T_p

计算工期：$T_c = \max[EF_{5-6}, EF_{4-6}] = \max[14, 16] = 16$

已知计划工期等于计算工期，即：

$T_p = T_c = 16$

c. 计算各项工作的最迟开始时间和最迟完成时间

从终点节点（⑥节点）开始逆着箭线方向依次逐项计算到起点节点（①节点）。

（a）以网络计划终点节点为箭头节点的工作最迟完成时间等于计划工期：

$LF_{4-6} = LF_{5-6} = 16$

（b）计算各项工作的最迟开始和最迟完成时间：

$LS_{4-6} = LF_{4-6} - D_{4-6} = 16 - 5 = 11$

$LS_{5-6} = LF_{5-6} - D_{5-6} = 16 - 3 = 13$

$LF_{3-5} = LF_{4-5} = LS_{5-6} = 13$

$LS_{3-5} = LF_{3-5} - D_{3-5} = 13 - 5 = 8$

$LS_{4-5} = LF_{4-5} - D_{4-5} = 13 - 0 = 13$

$LF_{2-4} = LF_{3-4} = \min[LS_{4-5}, LS_{4-6}] = \min[13, 11] = 11$

$LS_{2-4} = LF_{2-4} - D_{2-4} = 11 - 3 = 8$

$LS_{3-4} = LF_{3-4} - D_{3-4} = 11 - 6 = 5$

$LF_{1-3} = LF_{2-3} = \min[LS_{3-4}, LS_{3-5}] = \min[5, 8] = 5$

$LS_{1-3} = LF_{1-3} - D_{1-3} = 5 - 4 = 1$

$LS_{2-3} = LF_{2-3} - D_{2-3} = 5 - 3 = 2$

$LF_{1-2} = \min[LS_{2-3}, LS_{2-4}] = \min[2, 8] = 2$

$LS_{1-2} = LF_{1-2} - D_{1-2} = 2 - 2 = 0$

d. 计算各项工作的总时差：TF_{i-j}

可以用工作的最迟开始时间减去最早开始时间或用工作最迟完成时间减去最早完成时间：

或

$TF_{1-2} = LS_{1-2} - ES_{1-2} = 0 - 0 = 0$

$TF_{1-2} = LF_{1-2} - EF_{1-2} = 2 - 2 = 0$

$TF_{1-3} = LS_{1-3} - ES_{1-3} = 1 - 0 = 1$

$TF_{2-3} = LS_{2-3} - ES_{2-3} = 2 - 2 = 0$

$TF_{2-4} = LS_{2-4} - ES_{2-4} = 8 - 2 = 6$

$TF_{3-4} = LS_{3-4} - ES_{3-4} = 5 - 5 = 0$

$TF_{3-5} = LS_{3-5} - ES_{3-5} = 8 - 5 = 3$

$TF_{4-6} = LS_{4-6} - ES_{4-6} = 11 - 11 = 0$

$TF_{5-6} = LS_{5-6} - ES_{5-6} = 13 - 11 = 2$

将以上计算结果标注在图 3-22 的相应位置。

e. 计算各项工作的自由时差 TF_{i-j}

等于紧后工作的最早开始时间减去本工作的最早完成时间：

$FF_{1-2} = ES_{2-3} - EF_{1-2} = 2 - 2 = 0$

$FF_{1-3} = ES_{3-4} - EF_{1-3} = 5 - 4 = 1$

$FF_{2-3} = ES_{3-5} - EF_{2-3} = 5 - 5 = 0$

$$FF_{2-4} = ES_{4-6} - EF_{2-4} = 11 - 5 = 6$$
$$FF_{3-4} = ES_{4-6} - EF_{3-4} = 11 - 11 = 0$$
$$FF_{3-5} = ES_{5-6} - EF_{3-5} = 11 - 10 = 1$$
$$FF_{4-6} = T_p - EF_{4-6} = 16 - 16 = 0$$
$$FF_{5-6} = T_p - EF_{5-6} = 16 - 14 = 2$$

(3)确定关键工作及关键线路。

在图 3-22 中,最小的总时差是 0,所以,凡是总时差为 0 的工作均为关键工作。该例中的关键工作是:①—②,②—③,③—④,④—⑥(或关键工作是:B、C、F、H)。

在图 3-22 中,自始至终全由关键工作组成的关键线路是:①—②—③—④—⑥。

3.3.1.3 按节点计算法计算双代号网络图工作时间参数

所谓按节点计算法,就是先计算网络计划中各个节点的最早时间和最迟时间,然后再据此计算各项工作的时间参数和网络计划的计算工期。

下面是按节点计算法计算时间参数的过程。

1. 计算节点的最早时间和最迟时间

(1)计算节点的最早时间

节点最早时间的计算应从网络计划的起点节点开始,顺着箭线方向依次进行。其计算步骤如下:

①网络计划起点节点,如未规定最早时间时,其值等于零。

②其他节点的最早时间应按公式(3-17)进行计算:

$$ET_j = \max\{ET_i + D_{i-j}\} \tag{3-17}$$

③网络计划的计算工期等于网络计划终点节点的最早时间,即:

$$T_c = ET_n \tag{3-18}$$

式中 ET_n——网络计划终点节点 n 的最早时间。

(2)确定网络计划的计划工期

网络计划的计划工期应按公式(3-1)或公式(3-2)确定。

(3)计算节点的最迟时间

节点最迟时间的计算应从网络计划的终点节点开始,逆着箭线方向依次进行。其计算步骤如下:

①网络计划终点节点的最迟时间等于网络计划的计划工期,即:

$$LT_n = T_p \tag{3-19}$$

②其他节点的最迟时间应按公式(3-20)进行计算:

$$LT_i = \min\{LT_j - D_{i-j}\} \tag{3-20}$$

2. 根据节点的最早时间和最迟时间判定工作的六个时间参数

(1)工作的最早开始时间等于该工作开始节点的最早时间。

(2)工作的最早完成时间等于该工作开始节点的最早时间与其持续时间之和。

(3)工作的最迟完成时间等于该工作完成节点的最迟时间。即:

$$LF_{i-j} = LT_j \tag{3-21}$$

(4)工作的最迟开始时间等于该工作完成节点的最迟时间与其持续时间之差,即:

$$LS_{i-j} = LT_j - D_{i-j} \tag{3-22}$$

(5)工作的总时差：
$$TF_{i-j} = LF_{i-j} - EF_{i-j} = LT_j - (ET_i + D_{i-j}) = LT_j - ET_i - D_{i-j} \quad (3-23)$$

由公式(3-23)可知,工作的总时差等于该工作完成节点的最迟时间减去该工作开始节点的最早时间所得差值再减其持续时间。

(6)工作的自由时差等于该工作完成节点的最早时间减去该工作开始节点的最早时间所得差值再减其持续时间。

特别需要注意的是,如果本工作与其各紧后工作之间存在虚工作时,其中的 ET_j 应为本工作紧后工作开始节点的最早时间,而不是本工作完成节点的最早时间。

3. 确定关键线路和关键工作

在双代号网络计划中,关键线路上的节点称为关键节点。关键工作两端的节点必为关键节点,但两端为关键节点的工作不一定是关键工作。关键节点的最迟时间与最早时间的差值最小。特别地,当网络计划的计划工期等于计算工期时,关键节点的最早时间与最迟时间必然相等。关键节点必然处在关键线路上,但由关键节点组成的线路不一定是关键线路。

当利用关键节点判别关键线路和关键工作时,还要满足下列判别式：
$$ET_i + D_{i-j} = ET_j \quad \text{或} \quad LT_i + D_{i-j} = LT_j \quad (3-24)$$

如果两个关键节点之间的工作符合上述判别式,则该工作必然为关键工作,它应该在关键线路上。否则,该工作就不是关键工作,关键线路也就不会从此处通过。

4. 关键节点的特性

在双代号网络计划中,当计划工期等于计算工期时,关键节点具有以下一些特性,掌握好这些特性,有助于确定工作的时间参数。

(1)开始节点和完成节点均为关键节点的工作,不一定是关键工作。

(2)以关键节点为完成节点的工作,其总时差和自由时差必然相等。

(3)当两个关键节点间有多项工作,且工作间的非关键节点无其他内向箭线和外向箭线时,则两个关键节点间各项工作的总时差均相等。在这些工作中,除以关键节点为完成的节点的工作自由时差等于总时差外,其余工作的自由时差均为零。

(4)当两个关键节点间有多项工作,且工作间的非关键节点有外向箭线而无其他内向箭线时,则两个关键节点间各项工作的总时差不一定相等。在这些工作中,除以关键节点为完成的节点的工作自由时差等于总时差外,其余工作的自由时差均为零。

3.3.2 单代号网络计划时间参数的计算

单代号网络计划时间参数的计算应在确定各项工作的持续时间之后进行。时间参数的计算顺序和计算方法基本上与双代号网络计划时间参数的计算相同。单代号网络计划时间参数的标注形式如图 3-23 所示。

单代号网络计划时间参数的计算步骤如下：

1. 计算最早开始时间和最早完成时间

网络计划中各项工作的最早开始时间和最早完成时间的计算应从网络计划的起点节点开始,顺着箭线方向依次逐项计算。

网络计划的起点节点的最早开始时间为零,如起点节点的编号为1,则：
$$ES_i = 0(i = 1) \quad (3-25)$$

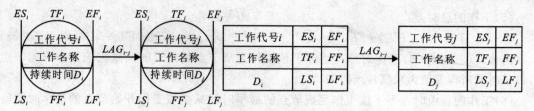

图 3-23　单代号网络计划时间参数的标注形式

工作最早完成时间等于该工作最早开始时间加上其持续时间,即:

$$EF_i = ES_i + D_i \qquad (3-26)$$

工作最早开始时间等于该工作的各个紧前工作的最早完成时间的最大值,如工作 j 的紧前工作的代号为 i,则:

$$ES_j = \max\{EF_i\} \quad 或 \quad ES_j = \max\{ES_i + D_i\} \qquad (3-27)$$

式中　　ES_j——工作 j 的各项紧前工作的最早开始时间。

2. 网络计划的计算工期 T_c

T_c 等于网络计划的终点节点 n 的最早完成时间 EF_n,即:

$$T_c = EF_n \qquad (3-28)$$

3. 计算相邻两项工作之间的时间间隔 LAG_{i-j}(与双代号网络图不同)

相邻两项工作 i 和 j 之间的时间间隔 LAG_{i-j} 等于紧后工作 j 的最早开始时间 ES_j 和本工作的最早完成时间 EF_i 之差,即:

$$LAG_{i-j} = ES_j - EF_i \qquad (3-29)$$

4. 计算工作总时差 TF_i

工作 i 的总时差 TF_i 应从网络计划的终点节点开始,逆着箭线方向依次逐项计算。

网络计划终点节点的总时差 TF_n,如计划工期等于计算工期,其值为零,即:

其他工作 i 的总时差 TF_i 等于该工作的各个紧后工作的总时差 TF_j 加该工作与其紧后工作之间的时间间隔 LAG_{i-j} 之和的最小值。

5. 计算工作自由时差

工作 i 若无紧后工作,其自由时差 FF_i 等于计划工期 T_p 减该工作的最早完成时间 EF_n。

当工作 i 有紧后工作 j 时,其自由时差 FF_i 等于该工作与其紧后工作 j 之间的时间间隔 LAG_{i-j} 的最小值。

6. 计算工作的最迟开始时间和最迟完成时间

工作 i 的最迟开始时间 LS_i 等于该工作的最早开始时间 ES_i 与其总时差 TF_i 之和。

工作 i 的最迟完成时间 LF_i 等于该工作的最早完成时间 EF_i 与其总时差 TF_i 之和。

7. 关键工作和关键线路的确定

(1)关键工作:总时差最小的工作是关键工作。

(2)关键线路的确定按以下规定:从起点节点开始到终点节点均为关键工作,且所有工作的时间间隔为零的线路为关键线路。

【例 3-5】 已知某工程单代号网络计划,若计划工期等于计算工期,相关工期见图 3-24。试计算各项工作的六个时间参数并确定关键线路,标注在网络计划上。

该工程单代号网络计划各时间参数计算见图 3-24。

【解】 该工程单代号网络计划各时间参数计算结果见图3-24,关键线路为1-3-5-8-9-11-13-15-16。计算过程略。

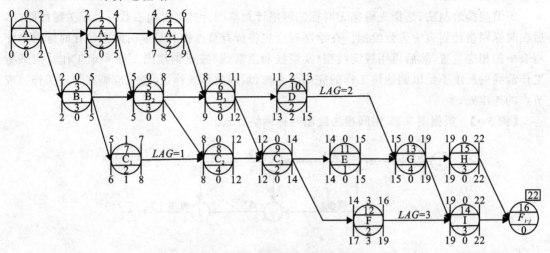

图 3-24 单代号网络计划时间参数

任务四 时标网络计划

3.4.1 时标网络图的概念及特点

1.时标网络图的概念

在时标网络计划中,以实箭线表示工作,实箭线的水平投影长度表示该工作的持续时间;以虚箭线表示虚工作,由于虚工作的持续时间为零,故虚箭线只能垂直画;以波形线表示工作与其紧后工作之间的时间间隔(以终点节点为完成节点的工作除外,当计划工期等于计算工期时,这些工作箭线中波形线的水平投影长度表示其自由时差)。

2.时标网络图的特点

时标网络计划既具有网络计划的优点,又具有横道计划直观易懂的优点,它将网络计划的时间参数直观地表达出来。

(1)工序工作时间一目了然,直观易懂。

(2)可直接看出网络图的时间参数。

(3)可在网络图的下面绘制资源需要量曲线。

(4)修改、调整较麻烦。

3.4.2 时标网络计划的绘制方法

时标网络计划宜按各项工作的最早开始时间编制。为此,在编制时标网络计划时应使每一个节点和每一项工作(包括虚工作)尽量向左靠,直至不出现从右向左的逆向箭线为止。

在编制时标网络计划之前,应先按已经确定的时间单位绘制时标网络计划表。时间坐标可以标注在时标网络计划表的顶部或底部。当网络计划的规模比较大且比较复杂时,可以在时标网络计划表的顶部和底部同时标注时间坐标。必要时,还可以在顶部时间坐标之上或底部时间坐标之下同时加注日历时间。

编制时标网络计划应先绘制无时标的网络计划草图,然后采用间接绘制法或直接绘制法进行绘制。

1. 间接绘制法

所谓间接绘制法,是指先根据无时标的网络计划草图计算其时间参数并确定关键线路,然后在时标网络计划表中进行绘制。在绘制时应先将所有节点按其最早时间定位在时标网络计划表中的相应位置,然后再用规定线型(实箭线和虚箭线)按比例绘出工作和虚工作。当某些工作箭线的长度不足以到达该工作的完成节点时,须用波形线补足,箭头应画在与该工作完成节点的连接处。

【例 3-6】 根据图 3-25 用间接法绘制时标网络计划。

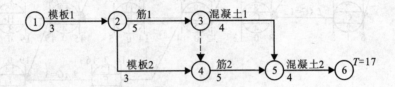

图 3-25 不带时间坐标的网络计划

【解】 绘制步骤:(1)确定坐标线所代表的时间,绘于图 3-26 的上方。

(2)据图 3-25 确定的各工序最早可能开始时间,将节点位置标在图 3-26 中。

(3)将各工序的持续时间用实线沿起始节点后的水平方向绘出,其水平投影长度等于该工序的作业持续时间。

(4)用水平波形线把实线部分与该工序的完工节点连接起来,波形线水平投影长度是该工序的自由时差。

(5)虚工作不占用时间,因此用虚箭线连接各相关节点以表示逻辑关系。

(6)把时差为零的箭线从开始节点到结束节点连接起来得到关键线路。

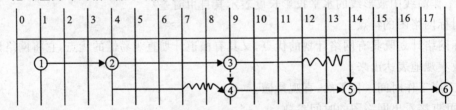

图 3-26 间接法绘制的时标网络计划

2. 直接绘制法

所谓直接绘制法,是指不计算时间参数而直接按无时标的网络计划草图绘制时标网络计划。

(1)将网络计划的起点节点定位在时标网络计划表的起始刻度线上。

(2)按工作的持续时间绘制以网络计划起点节点为开始节点的工作箭线。

(3)除网络计划的起点节点外,其他节点必须在所有以该节点为完成节点的工作箭线均绘出后,定位在这些工作箭线中最迟的箭线末端。当某些工作箭线的长度不足以到达该节点时,须用波形线补足,箭头画在与该节点的连接处。

(4)当某个节点的位置确定之后,即可绘制以该节点为开始节点的工作箭线。

(5)利用上述方法从左至右依次确定其他各个节点的位置,直至绘出网络计划的终点节点。

在绘制时标网络计划时,特别需要注意的问题是处理好虚箭线。首先,应将虚箭线与实箭线等同看待,只是其对应工作的持续时间为零;其次,尽管它本身没有持续时间,但可能存在波形线,因此,要按规定画出波形线。在画波形线时,其垂直部分仍应画为虚线。

3.4.3 时标网络计划中时间参数的判定

3.4.3.1 关键线路和计算工期的判定

1. 关键线路的判定

时标网络计划中的关键线路可从网络计划的终点节点开始,逆着箭线方向进行判定。凡自始至终不出现波形线的线路即为关键线路。因为不出现波形线,就说明在这条线路上相邻两项工作之间的时间间隔全部为零,也就是在计算工期等于计划工期的前提下,这些工作的总时差和自由时差全部为零。

2. 计算工期的判定

网络计划的计算工期应等于终点节点所对应的时标值与起点节点所对应的时标值之差。

3.4.3.2 相邻两项工作之间时间间隔的判定

除以终点节点为完成节点的工作外,工作箭线中波形线的水平投影长度表示工作与其紧后工作之间的时间间隔。

3.4.3.3 工作六个时间参数的判定

1. 工作最早开始时间和最早完成时间的判定

工作箭线左端节点中心所对应的时标值为该工作的最早开始时间。当工作箭线中不存在波形线时,其右端节点中心所对应的时标值为该工作的最早完成时间;当工作箭线中存在波形线时,工作箭线实线部分右端点所对应的时标值为该工作的最早完成时间。

2. 工作总时差的判定

工作总时差的判定应从网络计划的终点节点开始,逆着箭线方向依次进行。

(1)以终点节点为完成节点的工作,其总时差应等于计划工期与本工作最早完成时间之差。

(2)其他工作的总时差等于其紧后工作的总时差加本工作与该紧后工作之间的时间间隔所得之和的最小值。

3. 工作自由时差的判定

(1)以终点节点为完成节点的工作,其自由时差应等于计划工期与本工作最早完成时间之差。事实上,以终点节点为完成节点的工作,其自由时差与总时差必然相等。

(2)其他工作的自由时差就是该工作箭线中波形线的水平投影长度。但当工作之后只紧接虚工作时,则该工作箭线上一定不存在波形线,而其紧接的虚箭线中波形线水平投影长度的最短者为该工作的自由时差。

4. 工作最迟开始时间和最迟完成时间的判定

(1)工作的最迟开始时间等于本工作的最早开始时间与其总时差之和。

(2)工作的最迟完成时间等于本工作的最早完成时间与其总时差之和。

时标网络计划中时间参数的判定结果应与网络计划时间参数的计算结果完全一致。

任务五 网络计划的优化

网络计划的优化是指在一定约束条件下,按既定目标对网络计划进行不断改进,以寻求满意方案的过程。

根据优化目标的不同,网络计划的优化可分为:工期优化、费用优化和资源优化三种。

3.5.1 工期优化

工期优化是指网络计划的计算工期不满足要求工期时,通过压缩关键工作的持续时间以满足要求工期目标的过程。

网络计划工期优化的基本方法是在不改变网络计划中各项工作之间逻辑关系的前提下,通过压缩关键工作的持续时间来达到优化目标。在工期优化过程中,按照经济合理的原则,不能将关键工作压缩成非关键工作。此外,当工期优化过程中出现多条关键线路时,必须将各条关键线路的总持续时间压缩相同数值;否则,不能有效地缩短工期。

网络计划的工期优化可按下列步骤进行:

(1)确定初始网络计划的计算工期和关键线路。

(2)按要求工期计算应缩短的时间:

$$\Delta T = T_c - T_r \tag{3-30}$$

(3)选择应缩短持续时间的关键工作。选择压缩对象时应考虑下列因素:

①缩短持续时间对质量和安全影响不大的工作;

②有充足备用资源的工作;

③缩短持续时间所需增加的费用最少的工作。

(4)将所选定的关键工作的持续时间压缩至最短,并重新确定计算工期和关键线路。若被压缩的工作变成非关键工作,则应延长其持续时间,使之仍为关键工作。

(5)当计算工期仍超过要求工期时,则重复上述(2)~(4),直至计算工期满足要求工期或计算工期已不能再缩短为止。

(6)当所有关键工作的持续时间都已达到其能缩短的极限而寻求不到继续缩短工期的方案,但网络计划的计算工期仍不能满足要求工期时,应对网络计划的原技术方案、组织方案进行调整,或对要求工期重新审定。

注意:

①箭线下方括号外数字为工作的正常持续时间,括号内数字为最短持续时间。

②箭线上方括号内数字为优选系数,综合考虑质量、安全和费用增加情况而确定。选择关键工作压缩其持续时间时,应选择优选系数最小的关键工作。

③若需要同时压缩多个关键工作的持续时间时,则它们的优选系数之和(组合优选系数)最小者应优先作为压缩对象。

3.5.2 费用优化

费用优化又称工期成本优化,是指寻求工程总成本最低时的工期安排,或按要求工期寻求最低成本的计划安排的过程。

在建设工程施工过程中,完成一项工作通常可以采用多种施工方法和组织方法,而不同的施工方法和组织方法,又会有不同的持续时间和费用。由于一项建设工程往往包含许多工作,所以在安排建设工程进度计划时,就会出现许多方案。进度方案不同,所对应的总工期和总费用也就不同。为了能从多种方案中找出总成本最低的方案,必须首先分析费用和时间之间的关系。

1. 工程费用与工期的关系

工程总费用由直接费和间接费组成。直接费由人工费、材料费、机械使用费、其他直接费及现场经费等组成。施工方案不同,直接费也就不同;如果施工方案一定,工期不同,直接费也不同。直接费会随着工期的缩短而增加。间接费包括企业经营管理的全部费用,它一般会随着工期的缩短而减少。在考虑工程总费用时,还应考虑工期变化带来的其他损益,包括效益增量和资金的时间价值等。工程费用与工期的关系如图 3-27 所示。

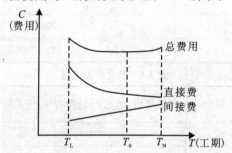

图 3-27 费用-工期曲线

T_L—最短工期;T_0—最优工期;T_N—正常工期

2. 工作直接费与持续时间的关系

由于网络计划的工期取决于关键工作的持续时间,为了进行工期成本优化,必须分析网络计划中各项工作的直接费与持续时间之间的关系,它是网络计划工期成本优化的基础。

工作的直接费与持续时间之间的关系类似于工程直接费与工期之间的关系,工作的直接费随着持续时间的缩短而增加,如图 3-27 所示。为简化计算,工作的直接费与持续时间之间的关系被近似地认为是一条直线关系。

工作的持续时间每缩短单位时间而增加的直接费称为直接费用率。工作的直接费用率越大,说明将该工作的持续时间缩短一个时间单位,所需增加的直接费就越多;因此,在压缩关键工作的持续时间以达到缩短工期的目的时,应将直接费用率最小的关键工作作为压缩对象。当有多条关键线路出现而需要同时压缩多个关键工作的持续时间时,应将它们的直接费用率之和(组合直接费用率)最小者作为压缩对象。

【例 3-7】 某项计划共有 9 项作业,其作业时间、费用及费用率如表 3-5 所示。该项计划的直接费用在正常作业时间情况下为 310000 元,间接费用为每天 10000 元,现求直接费用与间接费用之和最低的工期。

【解】 时间和费用优化的原则:

(1)关键线路上的活动优先。

(2)直接费用变化率小的活动优先。

表 3-5 工作的作业时间、费用及变化率

作业编号	时间（天）		费用（千元）		费用率（千元/天）
	正常	极限	正常	极限	
①→②	6	3	40	52	4
①→③	5	1	30	50	5
②→④	7	5	40	100	30
②→⑥	5	2	30	60	10
③→④	6	2	40	70	7.5
③→⑤	6	4	30	60	15
④→⑥	9	5	60	110	12.5
⑤→⑦	2	1	20	40	20
⑥→⑦	4	1	20	50	10

表 3-6 优化计算过程

优化过程	总工期（天）	直接费用（千元）	间接费用（千元）	总费用（千元）	画网络图（略）
正常	26	310	260	570	
压缩①→②2 天	24	310+8	260-20=240	558	
压缩①→② ①→③各 1 天	23	318+9=327	240-10=230	557	
压缩⑥→⑦3 天	20	327+30=357	230-30=200	557	
压缩④→⑥2 天	18	357+25=382	200-20=180	562	

（3）逐次压缩活动的作业时间以不超过极限时间为限。

至此关键路线上的作业已缩短为最短时间了，计算就可以结束。计算结果表示最优工期在 20～23 天之间，最低费用为 557000 元，缩短工期 3～6 天。优化计算过程见表3-6。

步骤总结：

（1）画出网络图，计算时差，找出关键路线。

（2）计算直接费用变化率。

（3）压缩关键路线上直接费用变化率最小的工序（压缩的时间不超过连接此工序两点的其他工序的总时差，还要考虑极限时间，找出新的关键路线）。

（4）若出现两条或两条以上的关键路线，要同时压缩两条或两条以上关键路线上的工序。

（5）重复步骤（3），当优化到直接费用的增加大于间接费用的减少时，优化结束。

3.5.3 资源优化

资源是指为完成一项计划任务所需投入的人力、材料、机械设备和资金等。完成一项工程任务所需要的资源量基本上是不变的，不可能通过资源优化将其减少。资源优化的目的是通过改变工作的开始时间和完成时间，使资源按照时间的分布符合优化目标。

在通常情况下，网络计划的资源优化分为两种，即"资源有限，工期最短"的优化和"工期固

定，资源均衡"的优化。前者是通过调整计划安排，在资源限制条件下，使工期延长最少的过程；而后者是通过调整计划安排，在工期保持不变的条件下，使资源需用量尽可能均衡的过程。这里所讲的资源优化，其前提条件是：

①在优化过程中，不改变网络计划中各项工作之间的逻辑关系；

②在优化过程中，不改变网络计划中各项工作的持续时间；

③网络计划中各项工作的资源强度（单位时间所需资源数量）为常数，而且是合理的；

④除规定可中断的工作外，一般不允许中断工作，应保持其连续性。

思考与练习

1. 判断下列说法是否正确？

(1) 网络图中任何一个节点都表示前一工作的结束和后一工作的开始。　　　　　　（　）

(2) 在网络图中只能有一个始点和一个终点。　　　　　　　　　　　　　　　　（　）

(3) 工作的总时差越大，表明该工作在整个网络中的机动时间就越多。　　　　　　（　）

(4) 总时差为零的各项工作所组成的线路就是网络图中的关键路线。　　　　　　　（　）

(5) TF_{i-j} 是指在不影响其紧后工作最早开始的前提下，工作所具有的机动时间。　（　）

(6) FF_{i-j} 是指在不影响工期的前提下，工作所具有的机动时间。　　　　　　　（　）

2. 如表 3-7 所示网络计划资料：

表 3-7　某网络计划资料

工作代号	紧前工作	工作持续时间（D_{i-j}）
A	—	15
B	A	15
C	A	14
D	B、C	10
E	B	6
F	D	6
G	D	1
H	E、G	30
I	F、H	8

要求：(1) 根据表 3-7 绘制网络计划图；

(2) 用工作计算法计算时间参数：ES_{i-j}、EF_{i-j}、LS_{i-j}、LF_{i-j}、TF_{i-j}、FF_{i-j}；

(3) 确定关键路线。

3. 某分项工程各工序的逻辑关系、工序正常作业时间和极限作业时间以及各工序每缩短 1 天工作时间的费用变化率如表 3-8 所示，试绘制双代号网络图，并按正常作业时间计算时间参数，标出关键线路。若工期要求在该计算工期的基础上缩短 2 天，试确定最优方案及增加费用。

表 3-8　某分项工程各工序资料

工序名称	A	B	C	D	E	F
紧前工序	—	—	—	A、B	B	B、C
正常作业时间（天） （极限时间）	4 (3)	6 (4)	5 (4)	8 (5)	7 (5)	9 (6)
费用变化率（万元/天）	0.5	0.6	0.4	0.2	1.8	1.5

情境四　施工组织总设计

任务一　概　　述

4.1.1　施工组织总设计

施工组织总设计是以一个建设项目或建筑群为对象,根据初步设计或扩大初步设计图纸以及其他有关资料和现场施工条件编制,用以指导整个施工现场各项施工准备和组织施工活动的技术经济文件。一般由建设总承包单位或工程项目经理部的总工程师编制。其主要作用是:

(1)为建设项目或建筑群的施工做出全局性的战略部署;

(2)为做好施工准备工作、保证资源供应提供依据;

(3)为建设单位编制工程建设计划提供依据;

(4)为施工单位编制施工计划和单位工程施工组织设计提供依据;

(5)为组织整个施工作业提供科学方案和实施步骤;

(6)为确定设计方案的施工可行性和经济合理性提供依据。

4.1.2　施工组织总设计编制依据

为了保证施工组织总设计的编制工作顺利进行并提高质量,使设计文件更能结合工程实际情况,更好地发挥施工组织总设计的作用,在编制施工组织总设计时,应具备下列编制依据:

1.计划文件及有关合同

包括国家批准的基本建设计划、可行性研究报告、工程项目一览表、分期分批施工项目和投资计划、主管部门的批件、施工单位上级主管部门下达的施工任务计划、招投标文件及签订的工程承包合同、工程材料和设备的订货合同等。

2.设计文件及有关资料

包括建设项目的初步设计与扩大初步设计或技术设计的有关图纸、设计说明书、建筑总平面图、建设地区区域平面图、建筑竖向设计、总概算或修正概算等。

3.工程勘察和原始资料

包括建设地区的地形、地貌、工程地质及水文地质、气象等自然条件;交通运输、能源、预制构件、建筑材料、水电供应及机械设备等技术经济条件;建设地区的政治、经济、文化、生活、卫生等社会生活条件。

4.现行规范、规程和有关技术规定

包括国家现行的施工及验收规范、操作规程、定额、技术规定和技术经济指标。

5.类似工程的施工组织总设计和有关参考资料。

4.1.3 施工组织总设计编制内容和程序

施工组织总设计编制内容根据工程性质、规模、工期、结构的特点及施工条件的不同而有所不同,通常包括下列内容:工程概况及特点分析,施工部署和主要工程项目施工方案,施工总进度计划,施工资源需要量计划,施工准备工作计划,施工总平面图和主要技术经济指标等。施工组织总设计的编制程序如图4-1所示。

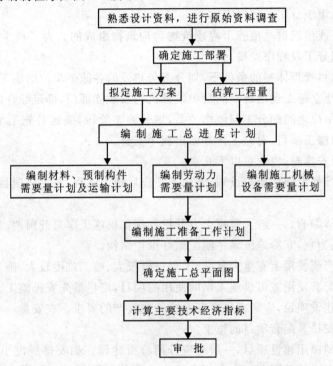

图4-1 施工组织总设计编制程序

4.1.4 工程概况及特点分析

工程概况及特点分析是对整个建设项目的总说明和总分析,是对整个建设项目或建筑群所作的一个简单扼要、突出重点的文字介绍。有时为了补充文字介绍的不足,还可以附有建设项目总平面图,主要建筑的平面、立面、剖面示意图及辅助表格。一般应包括以下内容:

1. 建设项目特点

包括工程性质,建设地点;建设总规模,总工期,总占地面积,总建筑面积,分期分批投入使用的项目和工期,总投资,主要工种工程量,设备安装及其吨数,建筑安装工程量,生产流程和工艺特点,建筑结构类型,新技术、新材料、新工艺的复杂程度和应用情况等。

2. 建设地区特征

包括地形、地貌、水文、地质、气象等情况;建设地区资源、交通、运输、水、电、劳动力、生活设施等情况。

3. 施工条件及其他内容

包括施工企业的生产能力、技术装备、管理水平、主要设备、材料和特殊物资供应情况;有关建设项目的决议、合同、协议,土地征用范围、数量和居民搬迁时间等情况。

任务二　施工总体部署

施工总体部署是建设项目施工程序及施工展开方式的总体设想,是施工组织总设计的中心环节。其内容主要包括:施工任务的组织分工及程序安排、主要项目的施工方案、主要工种工程的施工方法和施工准备工作规划等。

1. 施工任务的组织分工及程序安排

一个建设项目或建筑群是由若干幢建筑物和构筑物组成的。为了科学地规划控制,应对施工任务进行组织分工及程序安排。

在明确施工项目管理体制的条件下,划分参与建设的各施工单位的施工任务,明确总包与分包单位的关系,建立施工现场统一的组织领导机构及职能部门,确定综合的和专业化的施工组织,明确各施工单位之间的分工与协作关系,划分施工阶段,确定各施工单位分期分批的主导施工项目和穿插施工项目,对施工任务做出程序安排。

在施工程序的安排时,应注意以下几点:

(1)一般应先场外设施后场内设施、先地下工程后地上工程、先主体项目后附属项目、先土建施工后设备安装。

(2)要考虑季节影响。一般大规模土方开挖和深基础施工应避开雨期,冬期施工以安排室内作业和结构安装为宜,寒冷地区入冬前应做好围护结构。

(3)对于在生产或使用上有重大意义、工程规模较大、施工难度较大、施工工期较长的单位工程,以及需要先配套使用或可供施工期间使用的项目,应尽量先安排施工。

(4)对于工业建设项目,应考虑各生产系统分期投产的要求。在安排一个生产系统主要工程项目时,同时应安排其配套项目的施工。

(5)对于大中型民用建设项目,一般也应分期分批建设。如安排居民小区施工程序时,除考虑住宅外,还应考虑幼儿园、学校、商店及其他生活和公共设施的建设,以便交付使用后能及早发挥经济效益、社会效益和环境保护效益。

2. 主要项目的施工方案

在施工组织总设计中,对主要项目施工方案的考虑,只是提出原则性的意见,如深基坑支护采用哪种施工方案;混凝土运输采用何种方案;现浇混凝土结构是采用大模板、滑模还是爬模成套施工工艺等。具体的施工方案可在编制单位工程组织设计时确定。

3. 主要工种工程的施工方法

对于一些关键工种工程或本单位曾施工的工种工程,应详细拟订施工方法并组织论证。在确定主要工种工程的施工方法时,应结合建设项目的特点和本企业的施工习惯,尽可能采用工业化和机械化的施工方法。

4. 施工准备工作计划

施工准备工作计划包括施工准备计划和技术准备计划。主要有:提出"三通一平"分期施工的规模、期限和任务分工;及时做好土地征用、居民搬迁和障碍物的拆除工作;组织图纸会审;做好现场测量控制网;对新材料、新结构、新技术组织测试和试验;安排重要建筑机械设备的申请和进场等。

任务三 施工总进度计划

施工总进度计划是以建设项目为对象,根据规定的工期和施工条件,在建设项目施工总体部署的基础上,对各施工项目作业所做的时间安排,是控制施工工期及各单位工程施工期限和相互搭接关系的依据。因此,必须充分考虑施工项目的规模、内容、方案和内外关系等因素。

4.3.1 施工总进度计划的编制原则和内容

1. 施工总进度计划的编制原则

(1) 系统规划,突出重点

在安排施工进度计划时,要全面考虑。分清主次,抓住重点。所谓重点工程,是指那些对工程施工进展和效益影响较大的工程子项。这些项目具有工程量大,施工工期长,工艺、结构复杂,质量要求高等特点。

(2) 流水组织,均衡施工

流水施工方法是现代大工业生产的组织方式。由于流水施工方法能使建筑工程施工活动有节奏、连续地进行,均衡地消耗各类物资资源,因而能产生较好的技术经济效果。

(3) 分期实施,尽早动用

对于大型工程施工项目应根据一次规划、分期实施的原则,集中力量分期分批施工,以便尽早投入使用,尽快发挥投资效益。为保证每一动用单元能形成完整的使用功能和生产能力,应合理划分这些动用单元的界限,确定交付使用时必须是全部配套项目。

(4) 综合平衡,协调配合

大型工程施工除了主体结构工程外,工艺设备安装和装饰工程施工也是制约工期的主要因素。当主体结构工程施工达到计划部位时,应及时安排工艺设备安装和装饰工程的搭接、交叉,使之形成平行作业。同时,还需做好水、电、气、通风、道路等外部协作条件和资金供应能力、施工力量配备、物资供应能力的综合平衡工作,使它们与施工项目控制性总目标协调一致。

2. 施工总进度计划的内容

编制施工总进度计划,一般包括划分工程项目、计算各主要项目的实物工程量、确定各单位工程的施工期限、确定各单位工程开竣工时间和相互搭接关系以及编制施工总进度计划表。

4.3.2 划分工程项目与计算工程量

1. 划分工程项目

建设项目施工总进度计划主要反映各单项工程或单位工程的总体内容,通常按照工程量、分期分批投产顺序或交付使用顺序来划分主要施工项目。为突出工作重点,施工项目的确定不宜太细,一些附属项目、配套设施和临时设施可适当合并列出。

当一个建设项目内容较多、工艺复杂时,为了合理组织施工和缩短工作时间,常常将单项工程或若干个单位工程组成一个施工区段,各施工区段间互相搭接、互不干扰,各施工区段内组织有节奏的流水施工。工业建设项目一般以独立交工系统作为一个施工区段,民用建筑按地域范围和现场道路的界线来划分施工区段。

2. 计算工程量

在施工项目或施工区段划分的基础上,计算各单位工程的主要实物工程量。其目的是为了选择各单位工程的流水施工方法、估算各项目的完成时间和计算资源需要量。因此,工程量计算内容不必太细。

工程量计算可根据初步设计(或扩大初步设计)图纸和定额手册或有关资料进行。常用的定额和资料有以下几种:

(1)万元、10 万元投资工程量、劳动力及材料消耗扩大指标。在这种定额中,规定了某一种结构类型建筑,每万元或 10 万元投资中劳动力、主要材料等消耗数量。

(2)概算指标和扩大结构定额。这两种定额都是在预算定额基础上的进一步扩大。概算指标是以建筑物每 1000m³ 体积为单位;扩大结构定额则以每 1000 m² 建筑面积为单位。

(3)标准设计或已建成的类似建筑物资料。在缺乏上述定额的情况下,可采用标准设计或已建成的类似建筑物实际所消耗的劳动力及材料加以类推,按比例估算。这种消耗指标都是各单位多年积累的经验,实际工作中常采用这种方法。

除房屋外,还必须计算主要的全工地性工程的工程量。如场地平整、现场道路和地下管线的长度等,这些可以根据建筑总平面图来计算。

将按上述方法计算出的工程量填入工程施工项目一览表中,如表 4-1 所示。

表 4-1 工程施工项目一览表

工程分类	工程项目名称	结构类型	建筑面积(1000m²)	建筑数(幢)	投资概算(万元)	主要实物工程量								
						场地平整(1000m²)	土方工程(1000m³)	铁路铺设(km)	…	砌体工程(1000m³)	钢筋混凝土工程(1000m³)	…	装饰工程(1000m²)	…
全工地性工程														
主体项目														
辅助项目														
临时建筑														

4.3.3 确定各单位工程的施工期限

影响单位工程施工期限的因素很多，主要是建筑类型、结构特征和工程规模、施工方法、施工技术和施工管理水平、劳动力和材料供应情况及施工现场的地形、地质条件等。因此，各单位工程的工期应根据现场具体条件，综合考虑上述影响因素并参考有关工期定额或指标后予以确定。单位工程施工期限必须满足合同工期的要求。

4.3.4 确定各单位工程开竣工时间和相互搭接关系

在确定了各主要单位工程的施工期限之后，就可以进一步安排各单位工程的搭接施工时间。在解决这一问题时，一方面要根据施工总体部署中的控制工期及施工条件来确定；另一方面也要尽量使主要工种的工人基本上能够连续、均衡地施工。在具体安排时应着重考虑以下几点：

(1)根据使用要求和施工可能，结合物资供应情况及施工准备条件，分期分批地安排施工，明确每个施工阶段的主要单位工程和其开竣工时间。同一时期的开工项目不应过多，以免人力、物力分散。

(2)对于工业项目施工以主厂房设施的施工时间为主线，穿插其他配套项目的施工时间。

(3)对于具有相同结构特征的单位工程或主要工种工程应安排流水施工。

(4)确定一些附属工程，如办公楼、宿舍、附属建筑或辅助车间等作为调节项目，以调节主要施工项目的施工进度。

(5)充分估计材料、构件、设计出图时间和设备的到货情况，使每个施工项目的施工准备、土建施工、设备安装和试车运转互相配合、合理衔接。

(6)努力做到均衡施工，不但使劳动力、物资消耗均衡，在时间和数量上也均衡合理。

4.3.5 编制施工总进度计划

1.施工总进度计划的编制

根据前面确定的施工项目内容、期限、开竣工时间及搭接关系，可采用横道图或网络图的形式来编制施工总进度计划。首先，根据各施工项目的工期与搭接时间，编制初步进度计划；其次，按照流水施工与综合平衡的要求，调控进度计划；再次，编制施工总进度计划和主要分部工程施工进度计划。

横道图表示的施工总进度计划如表 4-2 所示，表中栏目可根据项目规模和要求作适当调整。

表 4-2 施工总进度计划

单位工程名称	建筑面积（m²）	结构形式	工作量（万元）	工作天数	施工进度计划															
					20××年												20××年			
					一季度			二季度			三季度			四季度			一季度			…
					1	2	3	4	5	6	7	8	9	10	11	12	1	2	3	

2.施工总进度计划的调整与修正

施工总进度计划安排好后，把同一时期各单项工程的工作量加在一起，用一定比例画在总进度计划的底部,即可得出建设项目的资源曲线。根据资源曲线可以大致判断出各个时期的工程量完成情况。如果在所画曲线上存在较大的低谷和高峰,则需调整个别单位工程的施工速度和开竣工时间,以便消除低谷和高峰,使各个时期的工程量尽量达到均衡。资源曲线按不同类型编制,可反映不同时期的资金、劳动力、机械设备和材料构件的需要量。

在编制了各个单位工程的控制性施工进度计划后,有时还需对施工总进度计划作必要的修正和调整。此外,在控制性施工进度计划贯彻执行过程中,也应随着施工的进展变化及时作必要的调整。

有些建设项目的施工总进度计划是跨几个年度的,此时还需要根据国家每年的基本建设投资情况,调整施工总进度计划。

任务四　资源需要量计划

各项资源需要量计划是做好劳动力及物资的供应、平衡、调度和落实的依据,其内容一般包括如下几个方面:

1. 综合劳动力需要量计划

首先,根据施工总进度计划,套用概算定额或经验资料计算出所需劳动力;其次,汇总劳动力需要量计划,如表4-3所示,同时提出解决劳动力不足的有关措施,如加强技术培训和调度安排等。

表 4-3　劳动力需要量计划

序号	工程名称	施工高峰需用人数	20××年				20××年				现有人数	多余(＋)或不足(一)
			一季度	二季度	三季度	四季度	一季度	二季度	三季度	四季度		

注:①工种名称除生产工人外,应包括附属辅助用工(如机修、运输、构件加工、材料保管等)以及服务和管理用工。
②表下应附有分季度的劳动力动态变化曲线。

2. 材料、构件及半成品需要量计划

(1)主要材料、构件和预制加工品(半成品)需要量计划。根据工程量汇总表和总进度计划,参照概算定额或经验资料,计算主要材料、构件和预制加工品的需要量计划,如表4-4所示。

表 4-4　主要材料、构件和预制加工品需要量计划

序号	主要材料、构件和预制加工品名称	规　格	单　位	需要量				需要量计划					
				正式工程	大型临时设施	施工措施	合计	20××年				20××年	
								一季度	二季度	三季度	四季度	一季度	…

(2)主要材料、构件和预制加工品运输量计划。根据当地运输条件和参考资料,选用运输

机具并计算其运输量,汇总并编制主要材料、构件和预制加工品的运输量计划,如表4-5所示。

表4-5　主要材料、构件和预制加工品运输量计划

| 序号 | 主要材料、构件和预制加工品名称 | 单位 | 数量 | 折合吨数(t) | 运　距 | | | 运输量(t·km) | 分类运输量(t·km) | | | 备注 |
					装货点	卸货点	距离(km)		公路	铁路	航运	

注:材料、构件和预制加工品所需运输总量应另加入8%～10%的不可预见系数。

3. 主要施工机具、设备需要量计划

根据施工总体部署、施工总进度计划及主要材料、构件和预制加工品运输量计划,汇总并编制主要施工机具、设备需要量计划,如表4-6所示。

表4-6　主要施工机具、设备需要量计划

| 序号 | 机具设备名称 | 规格型号 | 电动机功率(kW) | 数　量 | | | 购置价值(千元) | 使用时间 | 备注 |
				单位	需用	现有	不足		

注:机具设备名称可按土石方机械、钢筋混凝土机械、起重设备、金属加工设备、运输设备、木工加工设备、动力设备、测试设备、脚手工具等类分别填列。

4. 大型临时设施建设计划

本着尽量利用已有或拟建工程为施工服务的原则,根据施工部署、资源需要量计划以及临时设施参考指数,确定临时设施的建设计划,如表4-7所示。

表4-7　大型临时设施建设计划

| 序号 | 项目名称 | 需要量 | | 利用现有建筑 | 利用拟建永久工程 | 新建 | 单价(元/m²) | 造价(万元) | 占地(m²) | 修建时间 | 备注 |
		单位	数量								

注:项目名称栏包括一切属于大型临时设施的生产、生活用房,临时道路,临时供水、供电和供热系统等。

任务五　施工总平面图

施工总平面图是指整个工程建设项目施工现场的平面布置图,是全工地的施工部署在空间上的反映,也是实现文明施工、节约土地、减少临时设施费用的先决条件。

4.5.1　施工总平面图的设计依据

施工总平面图的设计依据有如下几项内容:

(1)场址位置图、区域规划图、场区地形图、场区测量报告、场区总平面图、场区竖向布置图及场区主要地下设施布置图等。

(2)工程建设项目总工期、分期建设情况与要求。

(3)施工部署和主要单位工程施工方案。

(4)工程建设项目施工总进度计划。

(5)主要材料、半成品、构件和设备的供应计划及现场储备周期;主要材料、半成品、构件和设备的供货与运输方式。

(6)各类临时设施的项目、数量和外廓尺寸等。

4.5.2 施工总平面图的设计原则与内容

1.施工总平面图的设计原则

(1)尽量减少用地面积,便于施工管理。

(2)尽量降低运输费用,保证运输方便,减少二次搬运。为此,要合理地布置仓库、附属企业和运输道路,使仓库和附属企业尽量靠近使用中心,并且要正确选择运输方式。

(3)尽量降低临时设施的修建费用。为此,要充分利用各种永久性建筑物为施工服务。对需要拆除的原有建筑物也应酌情加以利用或暂缓拆除。此外,要注意尽量缩短各种临时管线的长度。

(4)满足防火和生产安全方面的要求。

(5)便于工人生产与生活,正确合理地布置生活福利方面的临时设施。

2.施工总平面图的内容

(1)一切地上、地下已有的和拟建的建筑物、构筑物及其他设施的平面位置和尺寸。

(2)永久性与半永久性测量用的坐标点、水准点、高程点和沉降观测点等。

(3)一切临时设施。包括施工用地范围,施工用道路、铁路,各类加工厂,各种建筑材料、半成品、构件的仓库和主要堆场,取土和弃土的位置,行政管理用房和文化生活设施,临时供水系统与排水系统、供电系统及各种管线布置等。

4.5.3 施工总平面图的设计步骤

设计施工总平面图时,首先应从主要材料、构件和设备等进入现场的运输方式入手,先布置场外运输道路和场内仓库、加工厂;其次布置场内临时道路;再次布置其他临时设施,包括水电管网等。

1.运输线路确定

(1)当场外运输主要采用铁路运输方式时,要考虑铁路的转弯半径和坡度的限制,确定引入位置和线路布置方案。对拟建永久性铁路的大型工业企业,一般可提前修建永久性铁路专用线,铁路专用线宜由工地的一侧或两侧引入;若大型工地划分成若干个施工区域时,也可考虑将铁路引入工地中部的方案。

(2)当场外运输主要采用公路运输方式时,由于汽车线路可以灵活布置,因此应先布置场内仓库和加工厂,然后布置场内临时道路,并与场外主干公路连接。

(3)当场外运输主要采用水路运输方式时,应充分运用原有码头的吞吐能力。如需增设码头,卸货码头数量不应少于两个,码头宽度应大于2.5m,并可在码头附近布置主要仓库和加工厂。

2.仓库和堆场布置

(1)仓库的类型

工地仓库是储存物资的临时设施,其类型有转运仓库、中心仓库、现场仓库和加工厂仓库几种。转运仓库是货物转载地点(如火车站、码头、专用卸货场)的仓库;中心仓库是专供储存整个建筑工地所需材料、构件等的仓库,一般设在现场附近或施工区域中心;现场仓库按其储存材料的性质和重要程度,可采用露天堆场、半封闭式或封闭式三种形式。

(2)仓库与堆场的布置原则

①在仓库与堆场的布置时,应尽量利用永久性仓库。

②仓库与材料堆场应接近使用地点。

③仓库应位于平坦、宽敞和交通方便的地方。

④应符合技术和安全方面的规定。

当有铁路时,应沿铁路布置周转仓库和中心仓库;一般材料仓库应邻近公路和施工区域布置;钢筋、木材仓库应布置在其加工厂附近;水泥库和砂石堆场应布置在搅拌站附近;油料、氧气、电石库等应布置在边远、人少的地点;易燃的材料库要设在拟建工程的下风方向;车库和机械站应布置在现场入口处;工业建设项目的设备仓库或堆料场应尽量放在拟建车间附近。

3.混凝土搅拌站和各类加工厂布置

混凝土搅拌站和各类加工厂的布置,应以方便使用、安全防火、运输费用最少和相对集中为原则。在布置时应该注意以下几点:

(1)当运输条件较好时,混凝土搅拌站宜集中布置;否则以分散布置在使用地点或垂直运输设备附近为宜。若利用城市的商品混凝土,则只需考虑其供应能力和输送设备能否满足施工需要,工地可不考虑布置搅拌站。

(2)工地混凝土预制构件加工厂一般宜布置在工地边缘,铁路专用线转弯处的扇形地带或场外邻近处。

(3)钢筋加工厂宜布置在混凝土预制构件加工厂或主要施工对象附近。

(4)木材加工厂的原木、锯材堆场应靠近铁路、公路或水路沿线;锯木、板材加工车间和成品堆场应按工艺流程布置,一般应设在土建施工区域边缘的下风向位置。

(5)金属结构、锻工和机修等车间,生产联系比较密切,宜集中布置在一起。

(6)产生有害气体和污染环境的加工厂,如沥青熬制、石灰热化和石棉加工等,应位于场地下风向。

4.场内运输道路布置

首先,根据各仓库、加工厂及施工对象的相对位置,研究货物周转运输量的大小,区别出主要道路和次要道路;其次进行道路规划,在规划中,应考虑车辆行驶安全、货物运输方便和道路修筑费用等问题。

(1)应尽量利用拟建的永久性道路,或提前修建,或先修建永久性路基,工程完工后再铺设路面。

(2)必须修建的临时道路,应把仓库、加工厂和施工地点连接起来。

(3)道路应有足够的宽度和转弯半径。连接仓库、加工厂等的主要道路一般应按双行环形路线布置,路面宽度不小于6m;次要道路则按单行支线布置,路面宽度不小于3.5m,路端设回车场地。

(4)临时道路的路面结构,应根据运输情况、运输工具和使用条件来确定。

(5)应尽量避免与铁路交叉。

5.临时行政、生活福利设施布置

工地所需的行政、生活福利设施,应尽量利用现有的或拟建的永久性房屋,数量不足时再临时修建。

(1)工地行政管理用房宜设在工地入口处或中心地区,现场办公室应靠近施工地点。

(2)工人住房一般在场外集中设置,距工地 500～1000m 为宜。

(3)生活福利设施,如商店、小卖部、俱乐部等应设在工人较集中的地方或工人出入的必经之处。

(4)食堂可以布置在工地内部,也可以布置在工人村内,应视具体情况而定。

6.临时水电管网布置

临时水电管网布置时应注意以下几点:

(1)尽量利用已有的和提前修建的永久线路。

(2)临时水池、水塔应设在用水中心和地势较高处。给水管一般沿主干道路布置成环状管网,孤立点可设枝状管网。过冬的临时水管须埋在冰冻线以下或采取保温措施。

(3)消防站一般布置在工地的出入口附近,并沿道路设消防栓。消防栓间距不应大于100m,距路边不大于 2m,距拟建房屋不大于 25m 且不小于 5m。

(4)临时总变电站应设在高压线进入工地处;临时自备发电设备应设置在现场中心或靠近主要用电区域。临时输电干线沿主干道路布置成环形线路,供电线路应避免与其他管道一起布置在路的同一侧。

4.5.4 施工总平面图的绘制

施工总平面图的绘制步骤、要求和方法与单位工程施工平面图基本相同。图幅大小和绘图比例应根据建设项目场地大小及布置内容的多少来确定。比例一般采用 1∶1000 或 1∶2000。

任务六 大型临时设施计算

4.6.1 临时仓库和堆场计算

临时仓库和堆场的计算一般包括:确定各种材料、设备的储存量;确定仓库和堆场的面积及外形尺寸;选择仓库的结构形式,确定材料、设备的装卸方法等。

1.材料设备储备量确定

对于经常或连续使用的材料,如砖、瓦、砂、石、水泥、钢材等可按储备期计算,计算公式如下:

$$P = \frac{T_c Q_i K_i}{T} \qquad (4-1)$$

式中　P——材料的储备量(m³或 t 等);

　　　T_c——储备期定额(天),见表 4-8;

　　　Q_i——材料、半成品等总的需要量;

　　　T——有关项目的施工总工作日;

　　　K_i——材料使用不均衡系数,见表 4-8。

表 4-8　计算仓库面积的有关系数

序号	材料及半成品	单位	储备天数 T_c(天)	不均衡系数 K_i	每平方米储存定额 P	有效利用系数 K	仓库类别	备注
1	水泥	t	30～60	1.3～1.5	1.5～1.9	0.65	封闭式	堆高 10～12 袋
2	生石灰	t	30	1.4	1.7	0.7	棚	堆高 2m
3	砂子（人工堆放）	m³	15～30	1.4	1.5	0.7	露天	堆高 1～1.5m
4	砂子（机械堆放）	m³	15～30	1.4	2.5～3.0	0.8	露天	堆高 2.5～3m
5	石子（人工堆放）	m³	15～30	1.5	1.5	0.7	露天	堆高 1～1.5m
6	石子（机械堆放）	m³	15～30	1.5	2.5～3.0	0.8	露天	堆高 2.5～3m
7	块石	m³	15～30	1.5	10	0.7	露天	堆高 1.0m
8	预制钢筋混凝土板	m³	30～60	1.3	0.2～0.3	0.6	露天	堆高 4 块
9	柱	m³	30～60	1.3	1.2	0.6	露天	堆高 1.2～1.5m
10	钢筋（直径）	t	30～60	1.4	2.5	0.6	露天	占全部钢筋的 80%,堆高 0.5m
11	钢筋（盘筋）	t	30～60	1.4	0.9	0.6	封闭式或棚	占全部钢筋的 20%,堆高 1m
12	钢筋成品	t	10～20	1.5	0.07～0.1	0.6	露天	
13	型钢	t	45	1.4	1.5	0.6	露天	堆高 0.5m
14	金属结构	t	30	1.4	0.2～0.3	0.6	露天	
15	原木	m³	30～60	1.4	1.3～15	0.6	露天	堆高 2m
16	成材	m³	30～45	1.4	0.7～0.8	0.5	露天	堆高 1m
17	废木料	m³	15～20	1.2	0.3～0.4	0.5	露天	废木料占锯木量 10%～15%
18	门窗扇	扇	30	1.2	45	0.6	露天	堆高 2m
19	门窗框	樘	30	1.2	20	0.6	露天	堆高 2m
20	木屋架	樘	30	1.2	0.6	0.6	露天	
21	木模板	m²	10～15	1.4	4～6	0.7	露天	
22	模板整理	m²	10～15	1.2	1.5	0.65	露天	
23	砖	千块	15～30	1.2	0.7～0.8	0.6	露天	堆高 1.5～1.6m
24	泡沫混凝土制作	m³	30	1.2	1	0.7	露天	堆高 1m

注:储备天数根据材料来源、供应季节和运输条件等确定。一般就地供应的材料取表中低值,外地供应采用铁路运输或水运者取高值。现场加工企业供应的成品、半成品的储备天数取低值,项目部独立核算加工企业供应者取高值。

对于量少、不经常使用或储备期较长的材料,如耐火砖、石棉瓦、水泥管和电缆等,可按储备量计算(以年度需要量的百分比储备)。

对于某些混合仓库,如工具及劳保用品仓库、五金杂品仓库、化工油漆及危险品仓库、水暖电气材料仓库等,可按指数法计算(m^2/人或 m^2/万元等)。

对于当地供应的大量材料(如砖、石、砂等),在正常情况下为减少堆场面积,应适当减少储备天数。

2.各种仓库面积确定

确定某一种建筑材料的仓库面积,与该种建筑材料需储备的天数、材料的需要量及仓库每平方米能储存的定额等因素有关。而储备天数又与材料的供应情况、运输能力及气候等条件有关。因此,应结合具体情况确定最经济的仓库面积。

确定仓库面积时,必须将有效面积的辅助面积同时加以考虑。有效面积是指材料本身占有的净面积,它是根据每平方米仓库面积的存放定额来确定的。辅助面积是指考虑仓库中的走道及装卸作业所必需的面积。仓库总面积一般可按下列公式计算:

$$F = P/qK \tag{4-2}$$

式中　F——仓库总面积(m^2);

　　　P——仓库材料的储备量;

　　　q——每平方米仓库面积能存放的材料、半成品和制品的数量;

　　　K——仓库面积利用系数(考虑人行道和车道所占面积),见表4-8。

仓库面积的计算,还可以采取另一种简便的方法,即指数计算法。计算公式为:

$$F = pm \tag{4-3}$$

式中　p——系数,见表4-9;

　　　m——计算基础数(生产工人数或全年计划工作量等),m^2/人或 m^2/万元等,见表4-9。

表 4-9　按不均衡系数计算仓库面积表

序号	名称	计算基础数	单位	系数 p
1	仓库(综合)	按全员(工地)	m^2/人	0.7~0.8
2	水泥库	按当年水泥用量的 40%~50%	m^2/吨	0.7
3	其他仓库	按当年工作量	m^2/万元	2~3
4	五金杂品库	按年建筑安装工作量计算	m^2/万元	0.2~0.3
		按在建建筑面积计算	m^2/100m^2	0.5~1
5	土建工具库	按高峰年(季)平均人数	m^2/人	0.1~0.2
6	水暖器材库	按年在建建筑面积	m^2/100m^2	0.2~0.4
7	电气器材库	按年在建建筑面积	m^2/100m^2	0.3~0.5
8	化工油漆危险品库	按年建筑安装工作量	m^2/万元	0.1~0.15
9	三大工具库(脚手架、跳板、模板)	按在建建筑面积	m^2/100m^2	1~2
		按年建筑安装工作量	m^2/万元	0.5~1

在设计仓库时,除确定仓库总面积外,还要正确地决定仓库的长度和宽度。仓库的长度应满足装卸货物的需要,即要有一定长度的装卸前线。装卸前线一般可按下式计算:

$$L = nl + a(n+1) \qquad (4\text{-}4)$$

式中　L——装卸前线长度(m)；

　　　l——运输工具的长度(m)；

　　　a——相邻两个运输工具的间距，火车运输时，取 1m；汽车运输时，端卸取 1.5m，侧卸取 2.5m；

　　　n——同时卸货的运输工具数。

4.6.2 临时建筑物计算

临时建筑物的计算一般包括：确定施工期间使用这些建筑物的人数；确定临时建筑物的修建项目及其建筑面积；选择临时建筑物的结构形式等。

(1)确定使用人数

建筑工地上的人员分为职工和家属。职工包括生产人员、非生产人员和其他人员。

生产人员中有直接生产工人，即直接参加施工的建筑、安装工人；辅助生产工人，如机械维修、运输、仓库管理等方面的工人，一般占直接生产工人的30%～60%。

直接生产工人人数可按下式计算：

$$\frac{年(季)度平均在}{册直接生产工人} = \frac{年(季)度总工作日 \times (1+缺勤率)}{年(季)度有效工作日} \qquad (4\text{-}5)$$

$$\frac{年(季)度高峰在}{册直接生产工人} = \frac{年(季)度平均在}{册直接生产工人} \times \frac{年(季)度施工}{不均衡系数} \qquad (4\text{-}6)$$

非生产人员包括行政管理人员和服务人员(如从事食堂、文化福利等工作的人员)等，一般按表 4-10 确定。

表 4-10　非生产人员比例(占职工总数百分比)

序号	建筑企业类别	非生产人员比例(%)	其　　中		折算为占生产人员比例(%)
			管理人员(%)	服务人员(%)	
1	中央、省属企业	16～18	9～11	6～8	19～22
2	市属企业	8～10	8～10	5～7	16.3～19
3	县、县级市企业	10～14	7～9	4～6	13.6～16.3

注：①工程分散，职工人数较多者取上限；

　　②新辟地区、当地服务网点尚未建立时应增加服务人员5%～10%；

　　③大城市、大工业区服务人员应减少2%～4%。

家属一般应通过典型调查统计后得出适当比例数，作为规划临时房屋的依据。如无现成资料，可按职工人数的 10%～30% 估算。

(2)确定临时建筑物面积

临时建筑所需面积按下式计算：

$$S = NP \qquad (4\text{-}7)$$

式中　S——建筑面积(m^2)；

　　　N——人数；

　　　P——建筑面积指标，见表 4-11。

表 4-11　行政、生活福利临时建筑物面积参考指标

临时房屋名称	指标使用方法	参考面积(m²/人)
一、办公室	按干部人数	3～4
二、宿舍 　　单层通铺 　　双层床 　　单层床	按高峰年(季)平均职工人数(扣除不在工地住宿的人数)	2.5～3.5 2.5～3 2.0～2.5 3.5～4
三、家属宿舍		16～25m²/户
四、食堂	按高峰年平均职工人数	0.5～0.8
五、食堂兼礼堂	按高峰年平均职工人数	0.6～0.9
六、其他合计 　　医务室 　　浴室 　　理发 　　浴室兼理发 　　俱乐部 　　小卖店 　　招待所 　　托儿所 　　子弟小学 　　其他公用	按高峰年平均职工人数 按高峰年平均职工人数 按高峰年平均职工人数 按高峰年平均职工人数 按高峰年平均职工人数 按高峰年平均职工人数 按高峰年平均职工人数 按高峰年平均职工人数 按高峰年平均职工人数 按高峰年平均职工人数 按高峰年平均职工人数	0.5～0.6 0.05～0.07 0.07～0.1 0.01～0.03 0.08～0.1 0.1 0.03 0.06 0.03～0.06 0.06～0.08 0.05～0.10
七、现场小型设备 　　开水房 　　厕所 　　工人休息室	按高峰年平均职工人数 按高峰年平均职工人数 按高峰年平均职工人数	10～40 0.02～0.07 0.15

4.6.3　临时供水计算

建筑工地临时供水,包括生产用水(一般生产用水和施工机械用水)、生活用水(施工现场生活用水和生活区生活用水)和消防用水三部分。

建筑工地供水组织一般包括:计算用水量,选择供水水源,选择临时供水系统的配置方案,设计临时供水管网,设计供水构筑物和机械设备。

1. 供水量确定

(1)一般生产用水

一般生产用水指施工生产过程中的用水,如混凝土搅拌与养护、砌砖和楼地面等工程的用水。可由下式计算:

$$q_1 = \frac{K_1 \sum Q_1 N_1 K_2}{T_1 b \times 8 \times 3600} \tag{4-8}$$

式中　q_1——生产用水量(L/s);

　　　Q_1——最大年度工程量;

　　　N_1——施工用水定额;

　　　K_1——未预见施工用水系数,取 1.05～1.15;

　　　T_1——年度有效工作日;

　　　K_2——用水不均衡系数,工程施工用水取 1.5,生产企业用水取 1.25;

b——每日工作班数。

(2)施工机械用水

施工机械用水包括挖土机、起重机、打桩机、压路机、汽车、空气压缩机、各种焊机、凿岩机等机械设备在施工生产中的用水。可由下式计算：

$$q_2 = \frac{K_1 \sum Q_2 N_2 K_3}{8 \times 3600} \tag{4-9}$$

式中 q_2——机械施工用水量(L/s)；

Q_2——同一种机械台数(台)；

N_2——该种机械台班用水定额；

K_3——施工机械用水不均衡系数。一般施工机械、运输机械用水取 2.00，动力设备用水取 1.05~1.10。

(3)施工现场生活用水

施工现场生活用水可由下式计算：

$$q_3 = \frac{P_1 N_3 K_4}{b \times 8 \times 3600} \tag{4-10}$$

式中 q_3——施工现场生活用水量(L/s)；

P_1——施工现场高峰人数(人)；

N_3——施工现场生活用水定额，与当地气候、工种有关，工地全部生活用水取 100~120L/(人·日)；

K_4——施工现场生活用水不均衡系数，取 1.30~1.50；

b——每日用水班数。

(4)生活区生活用水

生活区生活用水可由下式计算：

$$q_4 = \frac{P_2 N_4 K_5}{24 \times 3600} \tag{4-11}$$

式中 q_4——生活区生活用水量(L/s)；

P_2——生活区居民人数；

N_4——生活区每人每日生活用水定额；

K_5——生活区每日用水不均衡系数，取 2.00~2.50。

(5)消防用水

消防用水量(q_5)与建筑工地大小及居住人数有关，如表 4-12 所示。

表 4-12 消防用水量

序号	用水名称	用水名称	火灾同时发生次数	用水量(L/s)
1	居民区	5000 人以内	一次	10
		10000 人以内	二次	10~15
		25000 人以内	二次	15~20
2	施工现场	现场面积小于 25 公顷	一次	10~15
		现场面积每增加 25 公顷	一次	5

（6）总用水量

总用水量 Q 由下列三种情况分别决定：

当 $(q_1 + q_2 + q_3 + q_4) \leqslant q_5$ 时：

$$Q = q_5 + \frac{q_1 + q_2 + q_3 + q_4}{2} \tag{4-12}$$

当 $(q_1 + q_2 + q_3 + q_4) > q_5$ 时：

$$Q = q_1 + q_2 + q_3 + q_4 \tag{4-13}$$

当工地面积小于 5 公顷，且 $(q_1 + q_2 + q_3 + q_4) < q_5$ 时：

$$Q = q_5 \tag{4-14}$$

2. 供水管管径计算

总用水量确定后，即可按下式计算供水管管径：

$$D_i = \left(\frac{4000Q_i}{3.14v} \right)^{0.5}$$

式中　　D_i——某管段供水管管径（mm）；

　　　　Q_i——某管段用水量（L/s）；

　　　　v——管网中水流速度（m/s），一般取 1.5～2.0。

供水管网中各段供水管内的最大用水量（Q_i）及水流速度（v）的确定方式具体参见有关手册。

任务七　施工组织总设计案例

1. 工程概况

本工程为某城市某学院群体建筑，工程建设计划分两期，一期工程总占地面积 138120m²，列入市重点工程。

（1）工程整体布局

整个学院布局规划呈长方形，四面临马路，设有东、南、西、北四个大门。本工程基本上以南北中轴线对称布置，依使用性质不同，分为行政管理区、教学区、居住区及配套建筑和体育训练场四大部分。东面是体育训练场，西面是居住区，中部教学区按南北向布置，由校园内的规划道路分为三个部分：教学部分处在校园内靠北，设有 1～3 号教学楼、电教馆、办公楼和大会堂等；学院辅助建筑处在院内中间，设有图书馆、体育馆等；学院配套建筑处在学院内靠南，设有 1～4 号学生宿舍、食堂、校医院、汽车库、变电所、浴室和锅炉房等。室外管线包括污水、雨水、暖沟和道路等。工程场地开阔，适合所有单位工程全面展开施工。

（2）工程建设特点

一期工程结构较简单，砖混结构与框架结构各占一半，层数少，有三栋 5～6 层单体建筑，其余为 1～2 层建筑。但工期紧，合同要求在当年 8 月底竣工的工程有 2 个，其余均在次年 5 月底竣工。质量要求高。

（3）工程特征

学院一期工程包括 7 个项目，总建筑面积 21354m²，建筑特征如表 4-13 所示。室外管线设计特征如表 4-14 所示。

表 4-13　某学院一期工程建筑特征

序号	工程名称	建筑面积(m²)	结构形式	层数 地上	层数 地下	檐高(m)	建筑特征 基础	建筑特征 主体	建筑特征 装修
1	1号教学楼	5358.5	框架	5	0	13.2～21	基础埋深-3.5m,C25钢筋混凝土带形基础	现浇C25钢筋混凝土柱、梁、板结构,加气混凝土块、空心砖做填充墙	水磨石、局部锦砖地面、内墙喷涂料、局部面砖,外墙喷进口涂料、局部玻璃面砖,顶棚吊顶、喷涂料
2	2号教学楼	5358.5	框架	5	0	14.6～21	基础埋深-3.5m,C25钢筋混凝土带形基础	现浇C25钢筋混凝土柱、梁、板结构,加气混凝土块、空心砖做填充墙	面砖、水磨石楼面,内墙喷涂料、贴面砖,外墙涂进口涂料、局部面砖,石膏板吊顶、喷涂料
3	学生宿舍	6146	砖混	6	1	10.3～19.6		砖墙、构造柱,预应力混凝土空心楼板,有少量混凝土梁、板、柱	水磨石、锦砖地面,内墙抹灰喷白,外墙喷涂料,顶棚喷涂料、局部吊顶
4	食堂	2675	混A	2	1	7.2～11.2	基础埋深-3.0m,钢筋混凝土基础和带形砖基础	厨房为全现浇梁、板、柱,附楼为砖墙、现浇梁、预制板	水磨石、局部锦砖地面,内墙喷涂料,外墙喷进口涂料、贴锦砖
5	浴室	914	砖混	2(附属)	0	7.8	基础埋深-3.550m,钢筋混凝土带形基础和砖砌带形基础	砖墙、现浇钢筋混凝土楼板	水磨石、锦砖地面(加防水层),内墙瓷砖和涂料,外墙为水刷石
6	锅炉房	817	混合	1	0	8.84	基础埋深-2.950m,钢筋混凝土带形基础和砖砌带形基础	C30钢筋混凝土现浇柱,预制薄腹梁,砖砌围护结构,40m高砖砌烟囱带内衬	水泥砂浆、细石混凝土地面,内墙和顶棚喷大白浆,外墙为水刷石
7	变电室	83	砖混	1	0	6.65	基础埋深2.7m,C10混凝土垫层,带形砖基础	砖墙、现浇钢筋混凝土梁	水泥砂浆地面,内墙喷涂料,外墙喷涂料、少量水刷石,顶棚刮腻子、喷涂料

表 4-14　室外管线设计特征

序号	工程名称	设计特征
1	污水	埋置深度-1.0～-3.73m,混凝土管径 $D=200～400mm$,承插式接头,下设混凝土垫层
2	雨水	埋置深度-1.0～-1.87m,混凝土管径 $D=200～400mm$,承插式接头,下设混凝土垫层
3	暖沟	埋深-1.85～-2.05m,暖沟断面为1400mm×1400mm(净空尺寸),MU2.5砖,M5水泥砂浆砌筑
4	室外道路	沥青混凝土路面

(4)施工条件

施工场地原系农田,场地较开阔,可供施工使用的场地4万平方米,场地自然标高较设计标高(±0.000)低800~1000mm,需进行大面积回填和平整场地。土质为粉质黏土。场内东北角有供建设单位使用而兴建的两栋半永久性平房,西侧有旧房尚未拆除,直接影响2号教学楼的施工。为此,建设单位应做好拆、搬迁工作,以保证施工的顺利进行。场内已有两个深井水源和200kW变压器一台,目前水泵已安装完毕,为满足施工需要,需安装加压罐。据初步计算,施工用电量超过500kW,因此变压器容量尚需增大,需建设单位提前做好增容工作。场内还需埋设水电管网及电缆。一期工程7个项目的施工图纸已供应齐全,可以满足施工要求。市政给排水设施已接至红线边,可满足院内给排水施工需要。建设单位在进行前期准备工作的过程中,已完成了一期工程正式围墙的修建,并在场内东西向预留了一条道路,可作为施工准备期施工材料进出场道路。施工现场内的树木,施工中应尽量保护,确系影响施工需砍伐时,须事先征得建设单位的同意。

(5)主要实物工程量

(略)

2.施工部署

(1)施工总体组织原则

①组织机构。学院工程施工管理推行项目经理负责制,由公司抽调技术水平高、思想素质好、能力强的人员组成项目经理部,实施对工程的组织与指挥,其管理体系如图4-2所示。

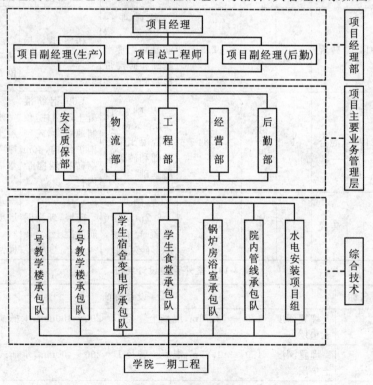

图4-2 施工管理体系

②施工任务划分。土建工程原则上以公司现有力量为主,分栋号成立承包队,考虑到合同工期紧、工程量大等因素,应补充部分民工(650人左右)。此外,在工程大面积插入装修时,应从全公司范围抽调部分技术水平高的装修工,以补充装修力量的不足。安装工程由公司的水电专业分公司承担。土建与安装的配合,必须从基础开始就协调好。

③施工组织原则。考虑到浴室、变电所在当年8月底竣工,1号和2号教学楼、宿舍楼、学生食堂和锅炉房在次年5月31日前交付使用的要求,一期工程按"分区组织承包,齐头并进"的原则组织施工,并视单位工程大小分层分段组织流水,确保竣工工期。

由于采取上述施工原则,材料部门应积极组织好材料的订货、进货工作,加强材料管理,并严格控制好月、旬供货量,确保在合同工期内完成施工任务。

(2)施工程序

根据平面规划及施工力量部署情况,学院一期工程划分为两个施工区:教学区为Ⅰ施工区,学院配套建筑群为Ⅱ施工区。一期工程各单位工程整体流水线按由Ⅰ区至Ⅱ区组织,在各单位工程开始插入抹灰施工时,组织院内污水、雨水和暖沟的施工。院内道路及场地平整在主要教学用工程完成后再大面积展开。

(3)主要项目施工方案

①施工机械选用方案。根据工程项目特点、工期要求及本企业现有施工机械装备情况,各单位工程主要施工机械将采用表4-15所示的方案。

表4-15　主要施工机械选用方案

序号	单位工程名称	结构形式	结构特征			主要施工机械选用方案				
			檐高(m)	层数		基础土方工程	结构工程			
				地上	地下		主机	台数	副机	台数
1	1号教学楼	框架	21	5		WY-100液压式挖土机	QT60/80塔式起重机	1	井字提升架	1
2	2号教学楼	框架	21	5		WY-100液压式挖土机	F0/23B塔式起重机	1	井字架提升	1
3	学生宿舍	砖混	19.6	6	1	WY-100液压式挖土机	QT60/80塔式起重机	1	井字提升架	1
4	食堂	混合	11.2	2		WY-100液压式挖土机	QT60/80塔式起重机	1	井字提升架	1
5	浴室	砖混	7.8	2		人工挖槽	Lokomo汽车式起重机(芬兰)	1	井字提升架	1
6	锅炉房	混合	8.84	1		人工挖槽	Lokomo汽车式起重机(芬兰)	1	井字提升架	1
7	变电室	砖混	6.65	1		人工挖槽	Lokomo汽车式起重机(芬兰)	1	井字提升架	1

②脚手架工程。根据工程项目特点及不同施工阶段的需要,各单位工程脚手架将采用表4-16 所示的方案。

表 4-16　脚手架方案

序号	施工阶段	脚手架类型	脚手架高度		注意事项
1	基础	双排钢管脚手架,教学楼、宿舍楼设三座跑梯,其余工程各设一座跑梯	平地面高		坑上周围挂设安全网
2	主体	沿建筑外围设置双排钢管脚手架,教学楼、宿舍楼设三座跑梯,食堂、锅炉房、浴室、变电所各设一座跑梯,锅炉房烟囱外侧搭设正六边形脚手架,内墙砌体工程采用内撑式脚手架	1号教学楼	Ⅰ段 21m,Ⅱ段 13m,扶手高 1m	水平安全网、脚手架应与墙体可靠连接
			2号教学楼	Ⅰ段 21m,Ⅱ段 14.4m,扶手高 1m	
			学生宿舍	D-K 轴 19.4m	
				N-Q 轴 13.2m	
				L-N 轴 16.3m	
				Q-S 轴 10m	
				S-T 轴 3m	
			食堂	食堂 11m,附楼 7.2m	
			浴室	7.6m	
			锅炉房	8.6m	
			变电室	6.5m	
3	装修	简易满堂红脚手架	步高 1.8m		剪刀撑设置

③模板工程。本工程使用的模板类型如表4-17 所示。

表 4-17　模板类型选用

序号	结构部位	模板类型	支撑体系
1	柱	定型组合钢模板	钢管、扣件支撑
2	梁、板	定型组合钢模板与胶合板模板	可调节立柱、钢管、扣件支撑
3	节点部位	木模	对拉螺栓固定,钢管、扣件支撑
4	教学楼旋转楼梯	底模、边模用木模或特制型钢模板	钢管、扣件支撑,配以部分其他支撑,并应专项设计

模板应按施工总平面图上划定的位置堆码整齐。对有损坏的模板,要及时进行修理,以保证工程施工质量。模板使用时涂刷防雨型脱模剂。

④钢筋工程

a.现场设钢筋加工车间,集中配料,按计划统一加工。加工好的钢筋半成品应按单位工程不同结构部位分成不同型号、规格,分别挂牌堆放,并按抗震结构有关规定施工。

b.钢筋焊接、绑扎应严格按设计、施工规范和工艺标准进行。为了降低工程成本,采用电渣压力焊、气压焊技术接长钢筋。

c.钢筋绑扎过程中,随时注意检查设计是否有预埋件要求。如吊顶、框架柱梁的预埋插筋,楼梯扶手下的预埋铁件等,为装修施工创造条件。

d.各种楼梯应放大样,对旋转角度、弧长等应放样精确计算,以保证加工的成型钢筋符合设计及规范要求。

⑤混凝土工程

a.施工现场设混凝土集中搅拌站,内置一台 H2-25 型自动化搅拌机及一台 J-400 型滚筒式混凝土搅拌机,完善计量装置,按本工程统一生产计划供应混凝土。

b.作为检验混凝土强度的手段,现场设标准养护室,做好材质检验,并严格贯彻按配合比施工的原则。

c.加强混凝土养护,浇水养护不少于 7 天。

d.严格控制外加剂的掺量,掺量应以试验室提供的配合比数据为准,严禁随意更改。

⑥砌筑工程

本工程砌筑量较大,需精心组织,精心施工。

a.垂直运输采用选定的方案,水平运输利用小翻斗车和手推胶轮车。

b.脚手架按表 4-16 采用。

c.现场砂浆集中搅拌,集中供应,砌筑砂浆应在 2h 以内用完,不准使用过夜砂浆。

d.按照 8 度抗震设防的原则,检查设计及施工是否满足抗震要求,确保结构安全可靠。

⑦装修工程

a.装修程序按照"先上后下,先外后内,先湿作业后干作业,先抹灰后木作最后油漆的"原则施工。推广在结构施工中插入室内粗装修的施工方法。

b.装修工程应在混凝土工程和砌筑工程验收完后方可进行。对结构验收中提出的一些问题,如墙体凸凹不平,混凝土墙面麻面,大梁、顶板局部超出验收标准等问题,应经处理并取得设计单位与质量监督部门同意后,方可装修施工。

c.建立样板间施工制度。质量检查以样板间为准,装修施工应加强技术组织与管理工作。

d.要求本项目一切交叉打洞作业应在面层施工前完成,严禁面层施工后打洞,避免土建和安装交叉施工,保证整体装修质量。

e.推广公司其他一些大型项目组织装修施工的经验,抽调素质过硬的高级工任工长,成立装修专业小组,分单位工程、分楼层、分施工段组织流水施工,并贯彻质量与工资、奖金挂钩的原则,做到人人关心质量,人人重视质量。

f.加强成品保护工作并制订出切实可行的成品保护措施,建立成品保护组,设专人负责管理并监督实施。

⑧室外管线工程

a.室外管线工程根据不同分项及现场走向划分施工段,组织流水施工。院内室外管线是保证学院次年 9 月 1 日按时开学的重要组成部分,为此必须在次年春季组织院内管线施工及与院外市政管网接口施工。

b.各施工段统一采用机械完成土方开挖及运土工作。土方开挖应以不阻断各单位工程运料通道为前提,需横穿运料通道时,应采用工字钢架桥,上铺 1.5~2cm 厚钢板,以满足运料需要。

c.雨水、污水等项目钢筋混凝土管施工,均采用分段一次安装成型,支设稳定后,两侧支模,一次浇筑混凝土的施工方法。

  d.暖沟砌筑依不同施工段按设计组织墙体砌筑,并视一次用料量组织铺设沟盖板。

  e.各种雨水井、污水井和化粪池,均采用砌完后随即抹灰工艺。

  f.道路施工需采用压路机分段进行碾压,确保路面质量。

  (4)施工准备工作计划

  技术准备计划如表4-18所示。施工准备计划如表4-19所示。

  3.施工总进度计划

  (1)各单位工程开、竣工时间。根据与建设单位签订的工程承包合同,结合本工程的项目准备情况,拟定各单位工程开、竣工时间,如表4-20所示。

表 4-18 技术准备计划

序号	工作内容	实施单位	完成日期		备注
1	工程导线控制网测量	项目测量组	本年2月中旬		建设单位配合
2	新开工程放线	项目测量组	本年2月20日开始		
3	施工图会审	建设单位、设计单位、公司技术科、项目工程部	本年1月中旬,1号、2号教学楼、学生宿舍图纸会审,本年2月底完成锅炉房、浴室、变电所和学生食堂图纸会审工作		技术部门与建设单位、设计单位积极联系
4	编制施工组织设计	项目工程部	总设计	本年2月15日	先出结构工程施工组织设计,再出装修工程施工组织设计
			1号教学楼	本年2月中旬	
			2号教学楼	本年2月中旬	
			锅炉房及浴室	本年2月底	
			学生宿舍及变电所	本年2月底	
			学生食堂	本年3月底	
5	气压焊、埋弧焊焊工培训	项目工程部	本年3月		
6	构件成品、半成品加工订货	项目工程部	本年3月10日前		结构构件加工计划在单位工程开工前提出,装修工程构件稍后
7	提供建设场地红线桩水准点地形图及地质勘探报告资料	建设单位	本年2~3月上旬		
8	原材料检验	试验站	本年3月上旬		随工程材料进场验收
9	各工程施工图预算	项目经营部	本年2~3月		先出教学楼、学生宿舍、食堂预算
10	工程竖向设计	建设单位、设计单位	本年3月		

表 4-19　施工准备计划

序号	工作内容	实施单位	完成日期		备注
1	劳动力进场	公司劳资科	本年 1 月中旬至 2 月底		
2	临建房屋搭设	项目部	本年 1 月中旬至 3 月中旬		满足 3 月份施工要求
3	施工水源	建设单位	本年 2 月		水化实验及水源主管接出、加压泵安装
4	修建临时施工道路	项目部（机械专业分公司配合）	本年 3 月初		建设单位配合
5	临时水电管网布设	项目部	本年 2 月下旬至 3 月中旬		
6	落实电源,增补容量	建设单位	本年 2 月底		机械专业分公司配合
7	大型机具进场	机械专业分公司	搅拌机	本年 2 月下旬	修建临时设施,为工程使用做准备
			QT60/80 塔式起重机	本年 4 月下旬	主体结构施工
			F0/23B 塔式起重机	本年 3 月底	主体结构施工
			Lokomo 汽车式起重机（芬兰）	本年至次年	吊装大型预制构件,随用随进场
8	组织材料、工具及构件进场	物资专业公司	本年 2～3 月下旬		混凝土管与院内管线构件在次年 4 月开始进场
9	场地平整	建设单位	本年 2～3 月		堆土处要平整,不影响土方开挖放线工作
10	搅拌站、井架安装	机械专业分公司	本年 3 月		满足施工要求

表 4-20　各单位工程开、竣工时间

序号	工程名称	计划开工日期	计划竣工日期
1	1 号教学楼	本年 2 月 15 日	本年 12 月
2	2 号教学楼	本年 3 月 1 日	次年 4 月 30 日
3	学生宿舍	本年 3 月 1 日	次年 3 月 31 日
4	浴室	本年 3 月 1 日	本年 8 月 31 日
5	学生食堂	本年 4 月 1 日	本年 12 月 31 日
6	锅炉房	本年 4 月 1 日	次年 3 月 31 日
7	变电室	本年 4 月 1 日	本年 8 月 31 日
8	室外管线	次年 4 月 1 日	次年 7 月 31 日

（2）本项目总进度网络控制计划。本项目总进度网络控制计划如图 4-3 所示。

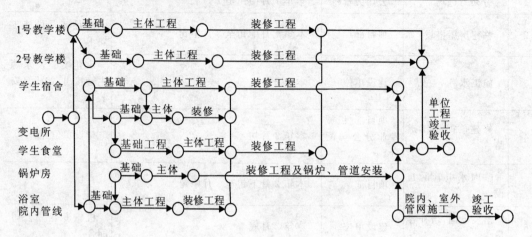

年	第1年度											第2年度							
月	2	3	4	5	6	7	8	9	10	11	12	1	2	3	4	5	6	7	8

图 4-3　施工总进度网络控制计划

4. 资源需要量计划

（1）劳动力需要量计划

根据各单位工程的建筑面积，结合工期要求，结构工程按 $4\sim5$ 工日/m^2，装修工程按 $2\sim3$ 工日/m^2，计算出各单位工程需要的劳动力数。考虑到框架结构与混合结构劳动力组合要求，最后确定的各单位工程劳动力需要量计划如表 4-21 所示。

表 4-21　各单位工程劳动力需要量计划

单位:名

工种名称	1号教学楼	2号教学楼	学生宿舍及变电所	学生食堂	锅炉房及浴室	合计
木工	36	36	28	24	18	142
钢筋工	24	24	24	18	16	106
混凝土工	12	12	12	8	8	52
架子工	16	16	18	16	12	78
瓦工	32	32	54	14	24	156
抹灰工	42	42	56	32	16	188
油漆工	16	16	24	16	12	84
电焊工	4	4	2	2	2	14
合计	182	182	218	130	108	820

注:室外管线施工劳动力由上述单位工程劳动力抽调组合,总数160人。

（2）主要机械设备、工具需要量计划

主要工具需要量计划如表 4-22 所示。主要机械设备需要量计划如表 4-23 所示。

表 4-22　主要用具需要量计划

序号	单位工程名称	架管(t)	扣件(万个)	架板(m²)	安全网(m²)	模板(m²)
1	1号、2号教学楼	450	10.63	2700	1800	6850
2	学生宿舍	180	4.25	510	900	650
3	变电室	12	0.3	60	220	165
4	学生食堂	210	4.96	660	880	1800
5	浴室	86	2.03	220	720	350
6	锅炉房	94	2.22	180	686	620
	合计	1032	24.39	4330	5206	10435

注:模板考虑两层连续支模。安全网沿外架工作面满挂并设水平网。

表 4-23　主要机械设备需要量计划

序号	机械名称	型号	单位	数量	用　途
1	塔式起重机	TQ60/80	台	3	学生宿舍、1号教学楼和食堂垂直运输机械
2	塔式起重机	F0/23B	台	1	2号教学楼垂直运输机械
3	挖土机	WY-100	台	1	单位工程基坑开挖
4	推土机		台	1	场地平整
5	载重汽车	东风牌	辆	4	场内至场外水平运输
6	小翻斗车		辆	6	场内材料运输
7	混凝土搅拌机		台	2	1台自动计量
8	卷扬机		台	8	主体和装修工程塔设井字架
9	砂浆搅拌机		台	2	砌筑、装修工程搅拌砂浆
10	混凝土振捣器	插入式	台	16	混凝土工程
11	混凝土振捣器	平板式	台	4	混凝土工程
12	钢筋切断机		台	1	钢筋加工
13	钢筋弯曲机		台	1	钢筋加工
14	钢筋调直机		台	1	钢筋加工
15	对焊机		台	1	钢筋加工
16	电焊机	交流	台	6	现场钢筋焊接
17	木工圆锯		台	2	木构件加工
18	木工平面刨		台	2	木构件加工
19	抽水泵	深水	台	2	深水井抽水
20	潜水泵	QY-25mm	台	4	雨季施工基坑抽水
21	蛙式打夯机		台	5	回填土施工
22	砂轮机		台	3	打磨工具
23	双头磨石机		台	6	现浇水磨石打磨
24	单头磨石机		台	6	现浇水磨石打磨
25	切割机		台	2	
26	电钻		台	4	

5.施工总平面图

(略)

(1)施工用地安排

现场东部体育场跑道作为场内的集中堆土场,中部绿化区(包括图书馆和体育馆)和北大门入口范围作为工程材料中转场地使用,工人生活区靠近西大门。

(2)施工道路规划

①建设单位在进行前期准备工作的同时,已预留了一条东西向道路,并预留了大门位置,道路规划中应尽可能加以利用。因东马路系集资兴建的道路,机动车辆禁止通行,故需将原预留的东大门堵死。在施工平面布置上,计划以南门和西门作为主要施工进出口。

②施工道路在规划上尽可能利用学院设计规划的正式道路位置及路床。请建设单位催促设计单位于本年2月提供院内竖向设计。

③施工道路按一般简易公路的做法,碎石路面采用碎石和砂土混合碾压而成,其中碎石含量≥65%,砂土(当地土壤)含量≤35%。单位工程施工机具及材料堆场见单位工程施工组织设计。

(3)施工用电安排

①主要用电设备

施工主要用电设备见表4-24。

表 4-24　施工主要用电设备

序号	机械名称	数量(台)	单机容量(kW)
1	TQ60/80 塔式起重机	2	55.5
2	F0/23B 塔式起重机	1	70
3	卷扬机	8	11
4	混凝土搅拌机	2	10.3
5	砂浆搅拌机	5	3
6	插入式振捣器	10	1.5
7	平板式振捣器	4	0.5
8	钢筋切断机	2	10
9	钢筋弯曲机	2	3
10	钢筋调直机	1	11
11	交流电焊机	6	27
12	对焊机	1	75
13	木工圆锯	1	4
14	木工平面刨	1	3.5
15	深水泵	2	2.2
16	QY25 潜水泵	4	2.2
17	蛙式打夯机	4	2.5
18	砂轮机	6	0.5
19	双头磨石机	4	3
20	单头磨石机	4	2.2

②用电计算

$\sum P_1 = 588.1\text{kW}, \sum P_2 = 162\text{kW}, K_1 = 0.5, K_2 = 0.6, \cos\phi = 0.75。$

室内外照明取总用电量的15%计算,并考虑80%的机械设备同时工作,则现场总用电量为:

$P = 1.1 \times [0.5 \times 588.1/0.75 + 0.6 \times 162] \times 1.15 \times 0.8 = 495.14(\text{kW})$

选择配电变压器的额定功率为:

$P = 500\text{kW} > 495.14\text{kW}$,原有变压器200kW不能满足施工生产、生活需要,需增加容量。

③供电线路布置

为了经济起见,场内供电线路均设埋地式(深度不小于0.6m)电缆,采用三相五线制干线,分区控制,共五路。施工区四路,采用BLX型铝芯全塑铁管电缆 $3 \times 95 + 2 \times 35 = 355\text{m}$;通生活区一路,采用电缆为 $3 \times 70 + 2 \times 25 = 260\text{m}$(至生活区食堂为 $3 \times 25 + 2 \times 10 = 95\text{m}$)。

(4)施工用水安排

①主要分项工程用水量

主要分项工程用水量统计如表4-25所示。

表4-25　主要分项工程用水量

分项工程名称	日工程量 Q_1	用水定额 N_1	用水量 L
混凝土工程	200	1700	340000
砌筑工程	80	200	16000
抹灰工程	300	30	9000
楼地面工程	500	190	95000
合计	1080	2120	460000

②施工用水计算

a.施工工程用水

$$q_1 = \frac{K_1 \sum Q_1 N_1 K_2}{1.5 \times 8 \times 3600} = \frac{1.15 \times 460000 \times 1.5}{1.5 \times 8 \times 3600} \approx 18.37 \ (\text{L/s})$$

b.施工现场生活用水

$$q_3 = \frac{P_1 N_3 K_4}{1.5 \times 8 \times 3600} = \frac{600 \times 60 \times 1.4}{1.5 \times 8 \times 3600} \approx 1.17 \ (\text{L/s})$$

c.生活区生活用水

$$q_4 = \frac{P_2 N_4 K_5}{24 \times 3600} = \frac{400 \times 70 \times 2.0}{24 \times 3600} \approx 0.65 \ (\text{L/s})$$

d.消防用水

$q_5 = 15 \ (\text{L/s})$

e.管径计算

由于 $q_1 + q_3 + q_4 = 20.19(\text{L/s}) > q_5$,现场主干管流速取 $v = 2.0\text{m/s}$,则管径:

$$D = \left(\frac{4Q \times 1000}{3.14 \times v}\right)^{0.5} \approx 113.4(\text{mm})$$

故现场主干管选用 $\phi125$ 黑铁管,支管选用 $\phi50$ 白铁管。

③现场排水

a.施工道路利用路两旁修建的排水沟排水,将积水由西向东,再向北排入拟建道路旁的排水沟内。

b.混凝土搅拌站、锅炉房、浴室和钢筋棚等生产临建污水直接排入拟建道路旁的排水沟内。

c.生活区污水,如职工宿舍和食堂污水,由滤池直接排入南面水沟内。

(5)现场临时建筑房屋规划

临时建筑房屋类型及平面布局见施工总平面图。根据该项目施工周期较短的特点及尽可能减少临时建筑费用的要求,在规划和搭设临时建筑房屋时,应考虑在满足基本需要的前提下,必须对其面积和标准严加控制。现将有关问题说明如下:

①本工程施工高峰人数估计达 820 人左右,生活区已考虑了 540 人的住房,可能尚有 280 人左右的住房将在花棚北面的空地内搭设,请注意予以预留。

②整个项目施工用地的安排,必须服从报送规划部门同意的施工平面图要求,不得擅自修改。

③各临时建筑单体构造详见各单位施工组织设计。规划中,对临时建筑房屋大多考虑利用部分旧材料搭设(如金属配套骨架和门窗等),其标准应不高于单位施工组织设计要求。

④为满足文明施工的需要,场内应按总平面规划示意图增设排水沟道,并保持畅通。污水应经滤池排至场外水沟内。

6.主要技术措施

(1)技术管理措施

实行项目总工程师负责制,全面解决施工中出现的技术问题。技术管理流程如图 4-4 所示。

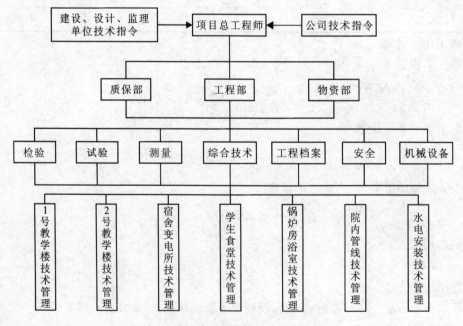

图 4-4　技术管理流程

(2)质量保证措施

①现场成立技术、质量管理小组,并建立以项目经理、项目总工程师为首的质量保证体系,

推行目标管理(教学楼达到"市优",学生宿舍达到"局优",其余工程达到"优良"标准),并以单体工程为单位开展全面质量管理活动。

②严格执行各项技术管理制度和岗位责任制度,认真按照施工图、技术规范、规程和工艺标准施工,并贯彻"三级"技术交底制。

对工程中使用的新材料、新工艺、新技术须经过批准、试验并经鉴定后方可采用。

③严格执行施工质量验收制度,对进场原材料、成品、半成品必须实行检验和验收,不符合要求的原材料、成品、半成品严禁在工程中使用。

施工中应加强技术指导与检查,工程管理中实行质量一票否决制,加强三检制,上一工序不合格者必须返工重做。

④严格贯彻工程质量奖惩制度,加强工程质量管理。

⑤做好整个施工现场控制桩的保护及测量放线和标高施测工作。全场统一施测,统一管理。

(3)安全、消防措施

①施工现场成立以项目经理为核心的安全、消防领导小组,设专职和兼职安全消防人员,形成安全消防保证体系。整个工地每周应进行一次安全消防大检查,以消除事故隐患。

②按照建设主管部门关于文明施工的规定,开工前应将有关安全生产、消防、卫生的规章制度及现场施工平面布置图、卫生区责任图和临时用电定点图在工地西大门旁用展板公布。

③凡进入施工现场的管理人员,必须参加安全考试并取得合格证书。各项工程开工前应做好安全交底工作,未进行安全交底的一律不准施工;特殊工种工人必须持证上岗;所有从业人员必须配戴符合安全规定的劳动保护用品。

对新进场的工人和新分配来的大学生,应组织学习公司颁发的《安全手册》和建设主管部门有关安全生产的规定,考试合格后才能上岗。

④单位工程用电容量大于 50kW 时,应编制用电施工组织设计;50kW 以内应有安全用电技术措施方案和安全防火措施。

⑤塔式起重机的安全装置(四限位、两保险)必须齐全有效,不能带病运转。塔机操作人员必须经常检查塔机的螺栓部件并认真执行保修制度,严禁违章作业。

⑥井字提升架的布置及其主体设计由工程部在单位施工组织设计中明确;动力部分设计及使用管理,由机械专业分公司统一负责。井字提升架应有超高限位、防坠落装置和进出口安全防护及防雷接地接零的设施,并要经常派人检查螺栓松紧和卷扬机运转情况,发现问题及时处理。卷扬机设专人操作、维修,其限位装置必须齐全、完好。吊笼起吊严格执行"三不准"制度,严禁吊笼载人运行,要有防止坠落措施。

⑦首层出入口醒目处,应设置安全生产标志,建立安全责任区;建筑物四周、跑梯四周和楼层内若有较大的孔洞,应挂设安全网和护栏设施。严禁酒后参加施工作业。

⑧建筑物外脚手架搭设应符合操作规程规定。工作面上应满铺架板,严禁有探头板出现;上人斜道坡度不大于 1:3,宽度不小于 1m,斜道上钉间距 300mm 的防滑木条。

⑨对结构吊装承重平台和运输通道必须专门设计,经技术、安全人员验收合格后方可使用。

⑩对于有易燃易爆物品的施工场所,严禁使用明火;必须使用时,需经消防部门批准并采取适当的保护措施。电焊机应单独设置开关,焊接处不能有易燃物,操作时应设专人看管。

⑪各种机械设备应严格执行安全操作规程和岗位责任制,非操作人员严禁擅自动用。

⑫各单位工程楼梯入口处,应设置消防箱,配备各种消防器材。生活区和生产区应按总平面要求布置消防栓,并单独设置阀门开关,施工中严禁动用。

(4)冬期雨期施工措施

①冬期施工措施

a.提前做好人力、物力准备,组织对司炉人员、测温人员、外加剂使用人员、工长等专业人员的技术培训,做好冬施技术交底。冬施准备工作要列入施工计划。

b.工程部组织有关人员对本工程各栋号的冬季施工项目进行统一审查,分年编制冬期施工方案,并由项目总工程师指导督促工地贯彻执行。

c.冬期混凝土采用综合蓄热法施工,即混凝土采用热水搅拌,掺入抗冻剂和早强剂并加岩棉被覆盖保温;墙体砌筑采用抗冻砂浆,限制昼夜砌筑高度,同时对砌体进行覆盖保温。为确保合同工期及综合经济效益,凡属次年5月竣工的4个单体工程,其装修湿作业项目必须在本年年底全部完成,达到基本竣工程度。

d.冬期尽可能不安排土方回填、屋面防水和室外散水等项目施工,必须安排时应制订专门的质量保证措施。砌筑工程应以各单位工程的楼层为单位,并在冬季到来之前完成楼层的封闭工作,为冬季室内装修创造条件。

e.冬季到来之前应做好施工现场水管、水龙头、消防栓、蒸汽管和混凝土搅拌站等的保温工作,并做好冬期施工防火、防中毒、防冻、防滑和防爆工作。

②雨期施工措施

a.现场成立雨期施工领导小组和防洪抢险队,设专人值班,做到及时发现,及时改进,消除隐患。

b.做好雨期施工准备工作。雨季到来之前一个月,应对各种防雨设备、器材、临时设施与临时建筑工程进行检查、修整;现场内的排水沟,应经常有人疏通,以保证现场和生活区积水及时排除。

c.本工程地势低洼(较设计±0.000低100cm),故现场临建设施和施工道路应较自然地坪垫高80cm以上,防止雨水浸泡,影响使用。

d.地下结构施工期间,应保证坑底周围排水沟和坑上排水沟畅通无阻,流入集水井内的水应及时抽出坑外;室外回填土应避免安排在雨期进行。

e.现场内的控制桩、塔式起重机基础等要做好保护措施,避免被雨水浸泡后发生沉降。

f.施工遇大雨或暴雨时,应停止浇混凝土并用塑料布加以遮盖。混凝土浇筑应避免安排在雨天进行。

g.雨后应安排专人测定砂、石含水率,及时调整混凝土和砂浆的用水量。

h.注意雨期的安全生产。雨期施工期间,要保证配电箱和场内电气设备不进水、不受雨淋;现场配电箱设置在距地面1.5m处,电气设备基础顶面高出地面50cm;雨后应对一切外用照明、电气设备、脚手架和塔吊井字架等组织专人检查,确认安全后方可使用。

(5)降低成本措施

①采用对焊、气压焊接长钢筋,推广φ22以内钢筋连续下料,达到节约钢筋的目的。

②在混凝土拌和时掺入减水剂,减少水泥用量。

③利用定型组合钢模板支模,降低木材消耗。

④在砌筑、抹灰砂浆中掺入粉煤灰和微沫剂,减少水泥和石灰用量。

⑤推广混凝土地面一次抹灰成型技术。

⑥顶棚和混凝土墙面抹灰使用混凝土界面处理剂,加气混凝土块墙面抹灰使用 YH-2 型防裂剂,减少抹灰厚度,降低工程成本。

思考与练习

1.简述施工组织总设计的编制程序、编制依据和编制内容。

2.施工组织总设计中的工程概况主要反映哪些内容?

3.施工总体部署主要包括哪些内容?在施工程序安排时应注意什么?

4.简述施工总进度计划的编制原则和内容。

5.简述施工总平面图的设计原则和步骤。

情境五　单位工程施工组织设计

任务一　概　述

5.1.1　单位工程施工组织设计的概念

单位工程施工组织设计是建筑施工企业组织和指导单位工程施工全过程各项活动的技术经济文件。

单位工程施工组织设计一般由施工单位的工程项目主管工程师负责编制，并根据工程项目的大小，报公司总工程师审批或备案。它必须在工程开工前编制完成，并应经该工程监理单位的总监理工程师批准后方可实施。

5.1.2　单位工程施工组织设计的编制依据

(1)主管部门的批示文件及有关要求；

(2)经过会审的施工图；

(3)施工企业年度施工计划；

(4)施工组织总设计；

(5)工程预算文件及有关定额；

(6)建设单位对工程施工可能提供的条件；

(7)施工条件；

(8)施工现场的勘察资料；

(9)有关的规范、规程和标准；

(10)有关的参考资料及施工组织设计实例。

5.1.3　单位工程施工组织设计的编制程序

单位工程施工组织设计的编制程序是指各组成部分间形成的先后次序以及相互制约的关系，如图 5-1 所示。

5.1.4　单位工程施工组织设计的内容

1. 工程概况及施工特点分析

工程概况和施工特点分析包括工程建设概况，工程建设地点特征，建筑、结构设计概况，施工条件和工程施工特点分析五方面内容。

(1)工程建设概况

主要介绍拟建工程的建设单位、性质、用途和建设的目的，资金来源及工程造价，开工、竣工日期，设计单位、监理单位、施工图纸情况，施工合同是否签订，上级有关文件或要求，以及组

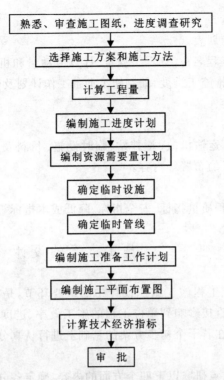

熟悉、审查施工图纸，进度调查研究

选择施工方案和施工方法

计算工程量

编制施工进度计划

编制资源需要量计划

确定临时设施

确定临时管线

编制施工准备工作计划

编制施工平面布置图

计算技术经济指标

审　批

图 5-1　单位工程施工组织设计编制程序

织施工的指导思想等。

（2）工程建设地点特征

主要介绍拟建工程的地理位置、地形、地貌、地质、水文、气温，冬雨期时间，主导风向、风力和抗震设防烈度等。

（3）建筑、结构设计概况

主要根据施工图纸，结合调查资料，简单概括工程全貌，综合分析，突出重点问题。对新结构、新技术、新工艺及施工的难点着重说明。

建筑设计概况主要介绍拟建工程的面积、平面形状和平面组合情况，层数、层高、总高、总长、总宽等尺寸及室内外装修的情况。

结构设计概况主要介绍基础的形式、主体结构的类型，墙、柱、梁、板的材料及截面尺寸，预制构件的类型及安装位置，楼梯构件的类型及形式等。

（4）施工条件

主要介绍"三通一平"的情况，当地交通运输条件，资源生产及供应情况，施工现场大小及周围环境情况，预制构件生产及供应情况，施工单位机械、设备、劳动力的落实情况，内部承包方式、劳动组织形式及施工管理水平，现场临时设施、供水、供电问题的解决。

（5）工程施工特点分析

主要介绍拟建工程施工特点和施工中关键问题、难点所在，以便突出重点、抓住关键，使施工顺利进行，提高施工单位的经济效益和管理水平。

2.施工方案

主要包括确定各分部分项工程的施工顺序、施工方法和选择适用的施工机械、制订主要技术组织措施。详见本书情境二。

3.单位工程施工进度计划表

主要确定各分部分项工程名称、计算工程量、计算劳动量和机械台班量、计算工作延续时间、确定施工班组人数及安排施工进度,编制施工准备工作计划及劳动力、主要材料、预制构件、施工机具需要量计划等内容。

4.单位工程施工平面图

主要包括确定起重垂直运输机械、搅拌站、临时设施、材料及预制构件堆场布置,运输道路布置,临时供水、供电管线的布置等内容。

5.主要技术经济指标

主要包括工期指标、工程质量指标、安全指标、降低成本指标等内容。

任务二 施工方案的设计

施工方案的选择是单位工程施工组织设计中的重要环节,是决定整个工程全局的关键。施工方案选择恰当与否,将直接影响到单位工程的施工效率、进度安排、施工质量、施工安全、工期长短。因此,我们必须在若干个初步方案的基础上进行认真分析比较,力求选择出一个最经济、最合理的施工方案。

在选择施工方案时应重点研究以下四个方面的内容:确定各分部分项工程的施工顺序;确定主要分部分项工程的施工方法和选择适用的施工机械;制订主要技术组织措施;进行流水施工。

5.2.1 施工顺序的确定

1.确定合理的施工顺序应遵循的基本原则和基本要求

施工顺序是指工程开工后各分部分项工程施工的先后次序。确定施工顺序既是为了按照客观的施工规律组织施工,也是为了解决工种之间合理搭接问题,在保证工程质量和施工安全的前提下,充分利用空间,以达到缩短工期的目的。在实际工程施工中,施工顺序可以有多种。不仅不同类型建筑物的建造过程有着不同的施工顺序,而且在同一类型的建筑工程施工中,甚至同一幢房屋的施工,也会有不同的施工顺序,这也是由建筑工程项目的特点造成的。因此,如何在众多的施工顺序中,选择出既符合客观规律,又经济合理的施工顺序是本任务的重点。

(1)施工顺序应遵循的基本原则

①先地下,后地上。指的是在地上工程开始之前,把管道、线路等地下设施、土方工程和基础工程全部完成。坚固耐用的建筑需要有一个坚实的基础,从工艺的角度考虑,也必须先地下后地上,地下工程施工时应先深后浅,这样可以避免对地上部分施工产生干扰,以免带来施工不便,造成浪费,影响工程质量。

②先主体,后围护。指的是框架结构建筑和装配式单层工业厂房施工中,先进行主体结构施工,后完成围护工程。同时,框架主体结构与围护工程总的施工顺序上要合理搭接。一般来说,多层建筑以少搭接为宜,高层建筑则应尽量搭接施工,以缩短施工工期;而装配式单层工业厂房主体结构与围护工程一般不搭接。

③先结构,后装修。对一般情况而言,有时为了缩短施工工期,也可以有部分合理的搭

接。

④先土建，后设备。指的是不论民用建筑还是工业建筑，一般来说，土建施工应先做，水、暖、煤、卫、电等建筑设备的施工后做。但它们之间更多的是穿插配合关系，尤其在装修阶段，要从保证施工质量、降低成本的角度，处理好相互之间的关系。

以上原则并不是一成不变的，在特殊情况下，如在冬期施工之前，应尽可能完成土建和围护工程，以利于施工中的防寒和室内作业的开展，从而达到改善工人的劳动环境、缩短工期的目的；又如大板建筑施工，大板承重结构部分和某些装饰部分宜在加工厂同时完成。随着我国施工技术的发展、企业经营管理水平的提高，以上原则也在进一步完善之中。

(2)确定施工顺序的基本要求

①必须符合施工工艺的要求。建筑物在建造过程中，各分部分项工程之间存在着一定的工艺顺序关系，它随着建筑物结构和构造的不同而变化，应在分析建筑物各分部分项工程之间工艺关系的基础上确定施工顺序。例如：基础工程未做完，其上部结构就不能进行，垫层须在土方开挖后才能施工；采用砌体结构时，下层的墙体砌筑完成后方能施工上层楼面。

②必须与施工方法协调一致。例如：在装配式单层工业厂房施工中，如采用分件吊装法，则施工顺序是先吊装柱，再吊装梁，最后吊装各个节间的房架及屋面板等；如采用综合吊装法，则施工顺序为一个节间全部构件吊装完成后，再依次吊装下一个节间，直至构件吊装完。

③必须考虑施工组织的要求。例如：有地下室的高层建筑，其地下室地面工程可以安排在地下室顶板施工前进行，也可以安排在地下室顶板施工后进行。从施工组织方面考虑，前者施工较方便，上部空间宽敞，可以利用调装机直接将地面施工用的材料运送到地下室；而后者，地面材料运输和施工就比较困难。

④必须考虑施工质量的要求。在安排施工顺序时，要以保证和提高工程质量为前提。影响工程质量时，要重新安排施工顺序或采取必要的技术措施。例如：屋面防水层施工，必须等找平层干燥后才能进行，否则将影响防水工程的质量，特别是柔性防水层的施工。

⑤必须考虑当地的气候条件。例如：在冬季和雨季施工到来之前，应尽量先做基础工程、室外工程、门窗玻璃工程，为地上和室内工程施工创造条件。这样有利于改善工人的劳动环境，有利于保证工程质量。

⑥必须考虑安全施工的要求。在立体交叉、平行搭接施工时，一定要注意安全问题。例如：在主体结构施工时，水、暖、煤、卫、电的安装与构件、模板、钢筋等的吊装和安装不能在同一个工作面上，必要时需采取一定的安全保护措施。

2.多层砌体结构民用房屋的施工顺序

多层砌体结构民用房屋的施工，按照房屋结构各部位不同的施工特点，可分为基础工程、主体工程、屋面及装修工程三个施工阶段，如图5-2所示。

(1)基础工程是指室内地面以下工程

其施工顺序比较容易确定，一般是：挖土方→垫层→基础→回填土，具体内容视工程设计而定。如有桩基础工程，应另列桩基础工程。如有地下室，则施工过程和施工顺序一般是：挖土方→垫层→地下室底板→地下室墙、柱结构→地下室顶板→防水层及保护层→回填土。但由于地下室结构、构造不同，有些施工内容应有一定的配合和交叉。

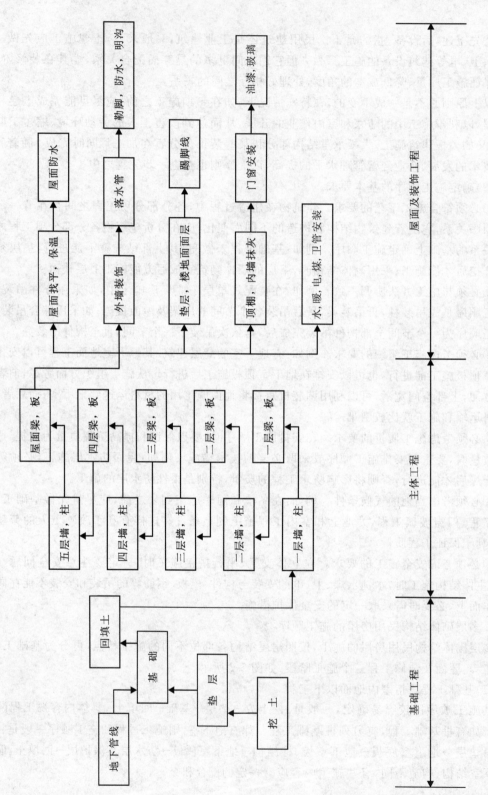

图5-2 多层砌体结构民用房屋施工顺序示意图

在基础工程施工阶段,挖土方与做垫层这两道工序,在施工安排上要紧凑,时间间隔不宜太长,必要时可将挖土方与做垫层合为一个过程。在施工中,可以集中兵力,分段流水进行施工,以避免基槽(坑)土方开挖后,因垫层施工未能及时进行使基槽(坑)浸水或受冻害,从而使地基承载力下降,造成工程质量事故或引起工程量、劳动力、机械等资源的增加。同时,还应注意混凝土垫层施工后必须有一定的技术间歇时间,使之具有一定强度后再进行下道工序的施工。各种管沟的挖土、铺设等施工过程,应尽可能与基础工程施工配合,采取平行搭接施工,回填土一般在基础工程施工后一次性分层、对称夯填,以避免基础受到浸泡并为后一道工序施工创造条件。当回填土工程量较大且工期较紧时,也可将回填土分段施工并与主体结构搭接进行,室内回填土可安排在室内装修施工前进行。

(2)主体工程阶段施工顺序

主体工程是指基础工程以上、屋面板以下的所有工程。这一施工阶段的施工过程主要包括:安装起重垂直运输机械设备,搭设脚手架,砌筑墙体,现浇柱、梁、板、雨篷、阳台、楼梯等施工内容。

其中砌墙和现浇楼板是主体工程施工阶段的主导过程。两者在各楼层中交替进行,应注意使它们在施工中保持均衡、连续、有节奏地进行,并以它们为主组织流水施工,根据每个施工段的砌墙和现浇楼板工程量、工人人数、吊装机械的效率、施工组织安排等计算确定流水节拍大小,而其他施工过程则应配合砌墙和现浇楼板组织流水施工,搭接进行。如脚手架搭设要配合砌墙和现浇楼板逐段逐层地进行;其他现浇钢筋混凝土构件支模、绑扎钢筋可安排在现浇楼板的同时间或砌墙体的最后一步插入,要及时做好模板、钢筋的加工制作,以免影响后续工程的按期施工。

(3)屋面及装修工程施工顺序

屋面及装修工程是指屋面板完成以后的所有工作,这一施工阶段的施工特点是:施工内容多、繁、杂;有的工程量大而集中,有的工程量小而分散;劳动消耗大,手工作业多,工期较长。因此,妥善安排屋面及装修工程的施工顺序,组织立体交叉流水作业,对加快工程进度有着特别重要的现实意义。

屋面工程的施工,应根据屋面的设计要求逐层进行。例如:柔性屋面的施工顺序按照隔气层→保温层→隔气层→柔性防水层→保护隔热层的顺序依次进行,刚性屋面按照找平层→保温层→找平层→刚性防水层→隔热层的施工顺序依次进行,其中细石混凝土防水层、分隔缝施工应在主体结构完成后尽快完成,为顺利进行室内装修创造条件。为了保证屋面工程质量,防止屋面渗漏,屋面防水在南方做成"双保险",既做刚性防水层,又做柔性防水层,但也应精心施工,精心管理。屋面工程施工在一般情况下不划分流水段,它可以和装修工程搭接施工。

装修工程的施工可分为室外装修(檐沟、女儿墙、外墙、勒脚、散水、台阶、明沟、雨水管等)和室内装修(顶棚、墙面、楼面、踢脚线、楼梯、门窗、五金、油漆及玻璃等)两个方面。其中内、外墙及楼、地面的饰面是整个装修工程施工的主导过程,因此,要着重解决饰面工作的空间顺序。

根据装饰工程的质量、工期、施工安全以及施工条件,其施工顺序一般有以下几种:

①室外装修工程

室外装修工程一般采用自上而下的施工顺序,是在屋面工程全部完工后,室外抹灰从顶层至底层逐层向下进行。其施工流向一般为水平向下,如图 5-3 所示。采用这种顺序的优点是:可以使房屋在主体结构完成后,有足够的沉降和收缩期,从而可以保证装修工程质量,同时便于脚手架的及时拆除。

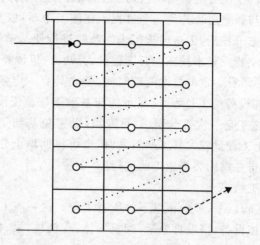

图 5-3　自上向下施工流向(水平向下)

②室内装修工程

室内装修自上而下的施工顺序是指主体工程及屋面防水层完工后,室内抹灰从顶层到底层依次逐层向下进行。其施工流向又可分为水平向下和垂直向下两种,通常采用水平向下的施工流向,如图 5-4 所示。采用自上而下施工顺序的优点是:可以使房屋主体结构完成后,有足够的沉降和收缩期,沉降变化趋向稳定,这样可以保证屋面防水工程质量,不易产生屋面渗漏,也能保证室内装修质量,可以减少或避免各工作操作互相交叉,便于组织施工,有利于施工安全,而且也很方便楼层清扫。其缺点是:不能与主体及屋面工程施工搭接,故总工期相应较长。

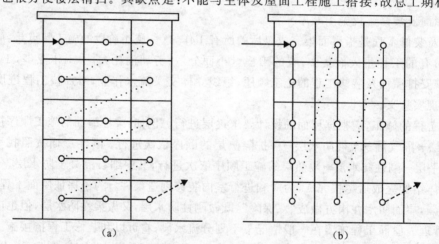

(a)　　　　　　　　　　　(b)

图 5-4　自上而下施工流向

(a)水平向下;(b)垂直向下

室内装修自下而上的施工顺序是指主体结构施工到三层及三层以上时(有两层楼板,以确保底层施工安全),室内抹灰从底层向上进行,一般与主体结构平行搭接施工。其施工流向又可分水平向上和垂直向上两种,通常采用水平向上的施工流向,如图 5-5 所示。为了防止雨水或施工用水从上层楼板渗漏,而影响装修质量,应先做好上层楼板的面层再进行本层顶棚、墙面、楼地面的饰面施工。采用自下而上的施工顺序的优点是:可以与主体结构平行搭接施工,从而缩短工期。其缺点:同时施工的工序多、人员多、工序间交叉作业,要采取必要安全措施;材料供应集中,施工机具负担重,现场施工组织和管理比较复杂。因此,只有当工期紧迫时,室内装修才考虑采取自下而上的施工顺序。

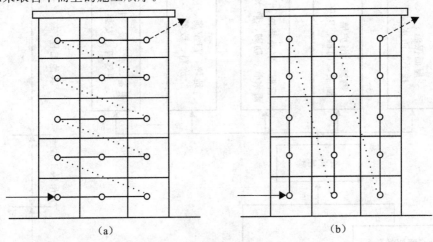

图 5-5　自下而上施工流向
(a)水平向上;(b)垂直向上

室内装修的单元顺序即在同一楼层顶棚、墙面、楼地面之间的施工顺序。一般有两种:楼地面→顶棚→墙面,顶棚→墙面→楼地面。这两种施工顺序各有利弊,前者便于清理地面基层,保证楼地面质量,而且便于收集墙面和顶棚的落地灰,从而节约材料,但要注意楼地面成品保护,否则后一道工序不能及时进行。后者则在楼地面施工之前,必须将落地灰清扫干净,否则会影响面层与结构层间的黏结,引起楼地面起壳,而且楼地面施工用水的渗漏可能影响下层墙面、顶棚的施工质量。底层地面施工通常在最后进行。

楼梯间和楼梯踏步,由于在施工期间易受损坏,为了保证装修工程质量,楼梯间和踏步装修往往安排在其他室内装修完工之后,自上而下统一进行。门窗的安装可在抹灰之前或之后进行,主要视气候和施工条件而定,通常是安排在抹灰之后进行。玻璃安装的次序应先油漆门窗扇,后安装玻璃,塑钢及铝合金门窗不受此限制。

在装修工程施工阶段,还需考虑室内装修与室外装修的先后顺序,这与施工条件和天气变化有关。通常有先内后外、先外后内、内外同时进行这三种施工顺序。当室内有水磨石楼面时,应先做水磨石楼面,再做室外装修。以免施工时渗漏水影响室外装修质量。当采用单排脚手架砌墙时,由于留有脚手眼需要填补,应先做室外装修,在拆除脚手架后,同时填补脚手眼,再做室内装修。当装饰工人较少时,则不宜采用内外同时施工的施工顺序,一般来说,采用先外后内的施工顺序较为有利。

3.钢筋混凝土框架结构房屋的施工顺序

钢筋混凝土框架结构房屋的施工顺序也可分为基础、主体、屋面及装修工程三个阶段,它在主体工程施工时与砌体结构房屋有所区别,即框架柱、梁、板交替进行,也可采用框架柱、梁、板同时进行,墙体工程则与框架柱、梁、板搭接施工。其他工程的施工顺序与砌体结构房屋相同。

4.装配式单层工业厂房的施工顺序

装配式单层工业厂房施工,按照厂房结构各部位不同的施工特点,一般分为基础工程、预制工程、吊装工程、其他工程四个施工阶段,如图 5-6 所示。

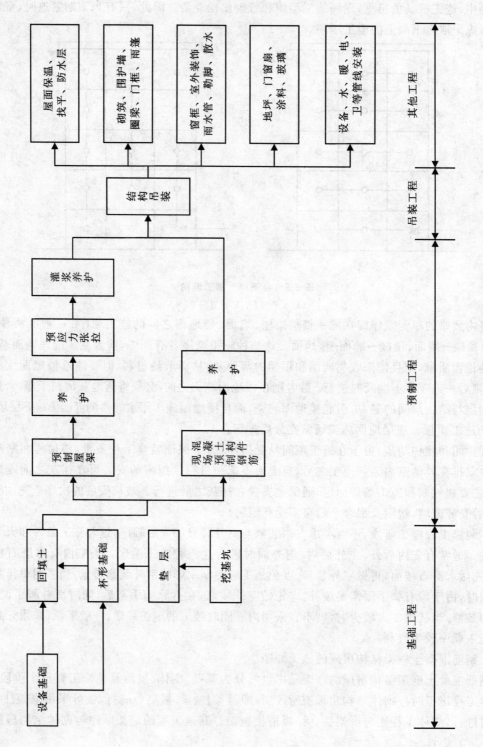

图5-6 装配式单层工业厂房施工顺序示意图

在装配式单层工业厂房施工中,有的由于工程规模较大,生产工艺复杂,厂房按生产工艺要求来分区、分段。因此,在确定装配式单层工业厂房的施工顺序时,不仅要考虑土建施工及施工组织的要求,而且还要研究生产工艺流程,即先生产的区段先施工,以尽早交付生产使用,尽快发挥基本建设投资的效益。所以工程规模较大、生产工艺要求复杂的装配式单层工业厂房施工时,要分期分批进行,分期分批交付生产,这是确定其施工顺序的总要求。下面根据中小型装配式单层工业厂房各施工阶段来叙述施工顺序。

(1)基础工程阶段施工顺序

装配式单层工业厂房的柱基础大多采用钢筋混凝土杯形基础。基础工程施工阶段的施工过程和施工顺序一般是挖土→垫层→钢筋混凝土杯形基础(也可分为绑扎钢筋、支模、浇混凝土、养护、拆模)→回填土。如有桩基础工程,则应另列桩基础工程。

在基础工程施工阶段,挖土与做垫层这两道工序,施工安排要紧凑,时间间隔不宜太长。在施工中,挖土、做垫层这两道工序及钢筋混凝土杯形基础,可采取集中力量、分区、分段进行流水施工。但应注意混凝土垫层和钢筋混凝土杯形基础施工后必须有一定的技术间歇时间,待其有一定的强度后,再进行下一道工序的施工。回填土必须在基础工程完工后及时、一次性地分层对称夯实,以保证基础工程质量并及时提供预制场地。

装配式单层工业厂房往往都有设备基础,特别是重型工业厂房,其设备基础埋置深、体积大、所需工期长、施工条件差,比一般的柱基工程施工困难和复杂得多,因此设备基础的施工必须引起足够的重视。设备基础施工,视其埋置深浅、体积大小、位置关系和施工条件,有两种施工顺序方案:即封闭式和敞开式施工。

封闭式施工是指厂房柱基础先施工,设备基础在结构吊装后施工。它适用于设备基础埋置浅(不超过厂房柱基础埋置深度)、体积小、土质好、距柱基础较远和厂房结构吊装后对厂房结构稳定性并无影响的情况。采用封闭式施工的优点是:土建施工工作面大,有利于构件的现场预制、吊装和就位,便于选择合适的起重机械和开行路线;围护工程能及早完工,设备基础能在室内施工,不受气候影响,可以减少设备基础施工时的防雨、降寒及防暑等的费用;有时可以利用厂房内的桥式吊车为设备基础施工服务。缺点是:出现某些重复性工作,如部分柱基回填土的重复挖填;设备基础施工条件差,场地拥挤,其基坑不宜采用机械开挖,当厂房所在地点土质不佳,设备基础基坑开挖过程中,容易造成土体不稳定,需增加加固措施。

敞开式施工,是指厂房柱基础与设备基础同时施工或设备基础先施工。它的适用范围、优缺点与封闭式施工正好相反。

这两种施工顺序方案,各有优缺点,究竟采用哪一种施工顺序方案,应根据工程的具体情况,认真分析、对比后加以确定。

(2)预制工程阶段施工顺序

装配式单层工业厂房的钢筋混凝土结构构件较多。一般包括:柱子、基础梁、连系梁、吊车梁、支撑、屋架、天窗架、屋面板、天沟及檐沟板等构件。

目前,装配式单层工业厂房构件的预制方式,一般采用加工厂预制和现场预制(在拟建车间内部、外部)相结合的预制方式。这里着重阐述现场预制的施工顺序。对于重量大、批量小或运输不便的构件采用现场预制的方式,如柱子、吊车梁、屋架等;对于中小型构件采用加工厂预制方式。但在具体确定构件预制方式时,应结合构件的技术特征、当地的生产能力、工期要求、现场施工条件、运输条件等因素进行技术经济分析后确定。

非预应力预制构件制作施工顺序:支模→绑扎钢筋→预埋铁件→浇筑混凝土→养护→拆模。

后张法预应力预制构件制作的施工顺序是:支模→绑扎钢筋→预埋铁件→孔道留设→浇筑混凝土→养护→拆模→预应力钢筋和张拉、锚固→孔道灌浆→养护。

预制构件开始制作日期、位置、流向和顺序,在很大程度上取决于工作面和后续工程的要求。一般来说,只要基础回填土、场地平整完成一部分之后,结构吊装方案一经确定,构件制作即可开始,制作流向应与基础工程的施工流向一致,这样既能使构件制作早日开始,又能及早地交出工作面,为结构吊装尽早进行创造条件。

当采用分件吊装法时,预制构件的制作有两种方案:若场地狭窄而工期又允许时,构件制作可分批进行。首先制作柱子和吊车梁,待柱子和吊车梁吊装完后再进行屋架制作;若场地宽敞,可考虑柱子和吊车梁等构件在拟建车间内部预制,屋架在拟建车间外进行制作。当采用综合吊装法时,预制构件需一次制作,这时,视场地的具体情况确定构件是全部在拟建车间内部制作,还是一部分在拟建车间外制作。

(3)吊装工程阶段施工顺序

结构吊装工程是装配式单层工业厂房施工中的主导施工过程。其内容依次为:柱子、基础梁、吊车梁、连系梁、屋架、天窗架、屋面板等构件的吊装、校正、固定。

构件吊装开始日期取决于吊装前准备工作完成情况。吊装流向和顺序主要由后续工程对它的要求来确定。当柱基杯口弹线和杯底标高抄平、构件的弹线、吊装强度验算、加固设施、吊装机械进场等准备工作完成之后,这才可以开始吊装。

吊装流向应与构件制作的流向一致。但如果车间为多跨且有高低跨时,吊装流向应从高低跨柱列开始,以适应吊装工艺的要求。

吊装的顺序取决于吊装方法。若采用分件吊装法时,其吊装顺序为:第一次开行吊装柱子,随后校正与固定;第二次开行吊装基础梁、连系梁;第三次开行吊装构件。有时也可将第二次开行、第三次开行合并为一次开行。若采用综合吊装法时,其吊装顺序是:先吊装四根或六根柱子,迅速校正固定,再吊装基础梁、连系梁及屋盖等构件,如此逐个节间吊装,直至整个厂房吊装完毕。

装配式单层工业厂房两端山墙往往设有抗风柱,抗风柱有两种吊装顺序:一是在吊装柱子的同时先装该跨一端的抗风柱,另一端抗风柱则待屋盖吊装完后进行;二是全部抗风柱均待屋盖装完之后进行。

(4)其他工程阶段施工顺序

其他工程阶段主要包括围护工程、屋面工程、装修工程、设备安装工程等内容。这一阶段总的施工顺序是:围护工程→屋面工程→装修工程→设备安装工程,但有时也可互相交叉、平行搭接施工。

围护工程的施工过程和施工顺序是:搭设垂直运输设备(一般选用井架)→砌墙(脚手架搭设与之配合进行)→现浇门框、雨篷等。

屋面工程的施工过程在屋盖构件吊装完毕、垂直运输设备搭好后就可安排施工,其施工过程和施工顺序与前述多层砌体结构民用房屋基本相同。

装修工程包括室外装修和室内装修,两者可平行进行,并可与其他施工过程交叉进行,通常不占用总工期。室外装修一般采用自上而下的施工顺序;室内按屋面板底→内墙→地面的顺序进行施工,门窗安装在粉刷中穿插进行。

　　设备安装包括水、暖、煤、卫、电和生产设备安装。水、暖、煤、卫、电安装与前述多层砌体结构民用房屋基本相同。而生产设备的安装,则由于专业性强、技术要求高,一般由专业公司分包安装。

　　上述多层砌体结构民用房屋,钢筋混凝土框架结构房屋和装配式单层工业厂房的施工顺序,仅适用于一般情况。建筑施工顺序的确定既是一个复杂的过程,又是一个发展的过程,它随着科学技术的发展,人们观念的更新而在不断的变化。因此,针对每一个单位工程,必须根据其施工特点和具体情况合理确定施工顺序。

5.2.2　施工方法和施工机械的选择

　　正确选择施工方法和施工机械是制订施工方案的关键。单位工程各个分部分项工程均可采用各种不同施工方法和施工机械进行施工,而每一种施工方法和施工机械又都有其优缺点。因此,我们必须从先进、经济、合理的角度出发,选择施工方法和施工机械,以达到提高工程质量、降低工程成本、提高劳动生产效率和加快工程进度的预期效果。

　　1.选择施工方法和施工机械的主要依据

　　(1)应考虑主要分部分项工程的要求

　　应从单位工程施工全局出发,着重考虑影响整个工程施工的主要分部分项工程的施工方法和施工机械选择。而对于一般的、常见的、工人熟悉的、工程量小的以及对施工全局和工期无多大影响的分部分项工程,只要提出若干注意事项和要求就可以了。

　　主要分部分项工程是指工程量大、所需时间长、占工期比例大的工程,施工技术复杂或采用新技术、新工艺、新结构、新材料的分部分项工程,对工程质量起关键作用的分部分项工程。对施工单位来说,某些结构特殊或缺乏施工经验的工程也属于分部分项工程。

　　(2)应符合施工组织总设计的要求

　　如本工程是整个建设项目中的一个项目,则其施工方法和施工机械的选择应符合施工组织总设计的有关要求。

　　(3)应满足施工技术的要求

　　施工方法和施工机械的选择,必须满足施工技术的要求,如预应力张拉方法和机械选择应满足设计、质量、施工技术的要求。又如吊装机械的类型、型号、数量的选择应满足构件吊装技术和工程进度要求。

　　(4)应考虑如何符合工厂化、机械化施工的要求

　　单位工程施工,原则上应尽可能提高工厂化和机械化的施工程度。这是建筑施工发展的需要,也是提高工程质量、降低工程成本、提高劳动效率、加快工程进度和实现文明施工的有效措施。这里所说的工厂化,是指建筑物的各种钢筋混凝土构件、钢结构构件、木构件、钢筋加工等应最大限度地实现工厂化制作,最大限度地减少现场作业。而机械化程度不仅是指单位工程施工要提高机械化程度,还要充分发挥机械设备的效率,减轻繁重的体力劳动。

　　(5)应符合先进、合理、可行、经济的要求

　　选择施工方法和施工机械,除要求先进、合理之外,还要考虑对施工单位是可行的、经济的。必要时,要进行分析比较,从施工技术水平和实际情况出发,选择先进、合理、可行、经济的施工方法和施工机械。

(6)应满足工期、质量、成本和安全的要求

所选择的施工机械应尽量满足缩短工期、提高工程质量、降低工程成本、确保施工安全的要求。

2. 主要分部分项工程的施工方法和施工机械选择

(1)土木工程

①确定土方开挖方法、工作面宽度、放坡坡度、土壁支撑形式、排水措施,计算土方开挖量、回填量、外运量;

②选择土方工程施工所需机具型号和数量。

(2)基础工程

①桩基础施工中应根据桩型及工期选择所需机具型号和数量;

②浅基础施工中根据垫层、承台、基础的施工要点,选择所需机械的型号和数量;

③地下室施工中应根据防水要求,留置、处理施工缝,大体积混凝土的浇筑要点、模板及支撑要求选择所需机具型号和数量。

(3)砌筑工程

①砌筑工程中根据砌体的砌筑方式、砌筑方法及质量要求,进行弹线、立皮数杆、标高控制和轴线引测;

②选择砌筑工程中所需机具型号和数量。

(4)钢筋混凝土工程

①确定模板类型与支模方法,进行模板支撑设计;

②确定钢筋加工、绑扎、焊接方法,选择所需机具型号和数量;

③确定混凝土的搅拌、运输、浇筑、振捣、养护、施工缝的留置和处理,选择所需机具型号和数量;

④确定预应力钢筋混凝土的施工方法,选择所需机具型号和数量。

(5)结构吊装工程

①确定构件的预制、运输及堆放要求,选择所需机具型号和数量;

②确定构件的吊装方法,选择所需机具型号和数量。

(6)屋面工程

①确定屋面工程防水层的做法、施工方法,选择所需机具型号和数量;

②确定屋面工程施工中所用材料及运输方式。

(7)装修工程

①确定各种装修工程的做法及施工要点;

②确定材料运输方式、堆放位置、工艺流程和施工组织;

③选择所需机具型号和数量。

(8)现场垂直运输、水平运输及脚手架等搭设

①确定垂直运输及水平运输方式、布置、开行路线,选择垂直运输及水平运输机具型号和数量;

②根据不同建筑类型,确定脚手架所用材料、搭设方法及安全网的挂设方法。

5.2.3 主要的施工技术、质量、安全及降低成本措施

任何一个工程的施工,都必须严格执行《建筑工程施工质量验收统一标准》中建筑工程各专业工程施工质量验收规范、《建筑工程建设标准强制性条文》等有关法规,并根据工程特点、施工现场的实际情况,制订相应技术组织措施。

1. 技术措施

对采用新材料、新结构、新工艺、新技术的工程,以及高耸、大跨度、重型构件和深基础等特殊工程,在施工中应制订相应技术措施。其内容一般包括:

(1)工程的平面、剖面示意图以及工程量一览表;

(2)施工方法的特殊要求、工艺流程、技术要求;

(3)水下混凝土浇筑及冬雨期施工措施;

(4)材料、构件和机具的特点、使用方法及需用量。

2. 保证和提高工程质量措施

保证和提高工程质量措施,可以按照各主要分部分项工程施工质量要求提出,也可以按照工程施工质量要求提出。保证和提高工程质量措施,也可从以下几个方面考虑:

(1)保证定位放线、轴线尺寸、标高测量等准确无误的措施;

(2)保证地基承载力、基础、地下结构及防水质量的措施;

(3)保证主体结构等关键部位施工质量的措施;

(4)保证屋面、装修工程施工质量的措施;

(5)保证采用新材料、新结构、新工艺、新技术的工程施工质量的措施;

(6)保证和提高工程质量的组织措施,如现场管理机构的设置、人员培训、建立质量检验制度等。

3. 确保施工安全措施

加强劳动保护保障,保证安全生产是国家保障劳动人民生命财产安全的一项重要政策,也是进行工程施工的一项基本原则,为此,应提出有针对性的施工安全保障措施,从而杜绝施工中的安全事故发生。施工安全措施,可以从以下几方面考虑:

(1)保证土方边坡稳定措施;

(2)脚手架、吊篮、安全网的设置及防止人员坠落各类洞口的防范措施;

(3)外用电梯、井架及塔吊等垂直运输机具有的拉结要求和防倒塌措施;

(4)安全用电和机电设备防短路、防触电措施;

(5)易燃、易爆、有毒作业场所的防火、防爆、防毒措施;

(6)季节性安全措施,如雨期的防洪、防雨,夏期的防暑降温,冬期的防滑、防火、防冻措施等;

(7)现场周围通行道路及居民安全保护、隔离措施;

(8)确保施工安全的宣传、教育及检查等组织措施。

4. 降低工程成本措施

应根据工程具体情况,按照分部分项工程提出相应的节约措施,计算有关技术经济指标,分别列出节约工料数量与金额数字,以便衡量降低工程成本的效果,其内容一般包括:

(1)合理进行土方平衡调配,以节约台班费;

（2）综合利用吊装机械，减少吊次，以节约台班费；

（3）提高模板安装精度，采用整装整拆，加速模板周转，以便节约木材或钢材；

（4）混凝土、砂浆中掺加外加剂或混合料，以便节约水泥；

（5）采用先进的钢材焊接技术以便节约钢材；

（6）构件及半成品采用预制拼装、整体安装的方法，以便节约人工费、机械费等。

5. 现场文明施工措施

（1）施工现场设置围栏与标牌，保证出入道路畅通、场地平整、安全与消防设施齐全；

（2）临时设施的规划与搭设应符合生产、生活和环境卫生的要求；

（3）各种建筑材料、半成品、构件的堆放与管理有序；

（4）散碎材料、施工垃圾的封闭运输及防止各种环境污染；

（5）及时进行成品保护及施工机具保养。

5.2.4 施工方案的技术经济评价

施工方案的技术经济评价是在众多的施工方案中选择出快、好、省、安全的施工方案。

施工方案的技术经济评价涉及的因素多而复杂，一般来说施工方案的技术经济评价有定性分析和定量分析两种。

1. 定性分析

施工方案的定性分析是人们根据自己的个人实践和一般经验，对若干个施工方案进行优缺点比较，从中选择出比较合理的施工方案。如技术上是否可行、安全是否可靠、经济上是否合理、资源上能否满足要求等。此方法比较简单，但主观随意性较大。

2. 定量分析

施工方案的定量分析是通过计算施工方案的若干相同的、主要技术经济指标，进行综合分析比较，选择出各项指标较好的施工方案，这种方法比较客观，但指标的确定和计算比较复杂。主要的评价指标有以下几种：

（1）工期指标

当要求工程尽快完成以便尽早投入生产或使用时，选择施工方案就要在确保工程质量、安全和成本较低的条件下，优先考虑缩短工期。在钢筋混凝土工程主体施工时，往往采用增加模板的套数来缩短主体工程的施工工期。

（2）机械化程度指标

在考虑施工方案时应尽量提高施工机械化程度，降低工人的劳动强度。积极扩大机械化施工范围，把机械化施工程度的高低，作为衡量施工方案优劣的重要指标。

$$施工机械化程度 = \frac{机械完成的实物工程量}{全部实物工程量} \times 100\%$$

（3）单方用工量

它反映劳动力的消耗水平，不同建筑物单方用工量之间有可比性。

$$单方用工量 = \frac{总用工量（工日）}{建筑面积（m^2）} \tag{5-1}$$

（4）质量优良品率

质量优良品率是施工组织设计中控制的主要目标之一，主要通过质量保证措施来实现。

(5)材料节约指标

①主要材料节约量：

$$主要材料节约量＝预算用量－计划用量$$

②主要材料节约率：

$$主要材料节约率 ＝ \frac{主要材料节约量}{主要材料预算量} \times 100\% \qquad (5\text{-}2)$$

(6)大型机械台班数及费用

①大型机械单方耗用量：

$$大型机械单方耗用量 ＝ \frac{耗用总台班(台班)}{建筑面积(m^2)} \qquad (5\text{-}3)$$

②单方大型机械费：

$$单方大型机械费 ＝ \frac{计划大型机械费(元)}{建筑面积(m^2)} \qquad (5\text{-}4)$$

3.降低成本指标

(1)降低成本额：

$$降低成本额 ＝ 预算成本－实际成本 \qquad (5\text{-}5)$$

(2)降低成本率：

$$降低成本率 ＝ \frac{降低成本额(元)}{预算成本(元)} \times 100\% \qquad (5\text{-}6)$$

任务三 单位工程施工进度计划

单位工程施工进度计划是以施工方案为基础,根据工期要求和技术物资供应条件,遵循各施工过程按合理的工艺顺序和统筹安排各项施工活动的原则编制的。在进度计划的基础上,可以编制劳动力需要计划、材料供应计划、半成品及构配件供应计划、机械设备供应计划、运输计划。因此施工组织设计中的进度计划的编制是很重要的。

施工进度计划可以用横道图(水平进度表)或网络图表示。

5.3.1 单位工程施工进度计划的作用

单位工程施工进度计划的主要作用有：

(1)安排单位工程施工进度,保证在规定工期内的项目建成启用。

(2)确定各施工过程的施工顺序、持续时间相互衔接的关系。

(3)为编制季度、月、旬生产计划提供依据。

(4)为编制施工准备工作计划和各种资源需要计划提供依据。

(5)反映土建与其他专业工程的配合关系。

5.3.2 单位工程施工进度计划的编制依据

编制单位工程施工进度计划的主要依据是：

(1)施工组织总设计中总进度计划对本工程的要求。

(2)施工工期要求及建设单位的要求。

（3）经过审批的各种技术资料。

（4）自然条件及各种技术经济资料调查。

（5）主要分部分项工程的施工方案。

（6）施工条件、劳动力、材料、构配件、机械设备供应要求。

（7）劳动定额及机械台班定额。

（8）有关规范、规程及其他要求和资料。

5.3.3　单位工程施工进度计划的分类

单位工程施工进度计划根据分部分项工程划分的粗细程度不同，可分为控制性施工进度计划和指导性施工进度计划两类。

1. 控制性施工进度计划

控制性施工进度计划按分部工程来划分施工过程，以便控制各分部工程的施工起止时间及其相互搭接、配合关系。控制性施工进度计划主要适用于工程结构比较复杂、规模较大、工期较长而且需要跨年度施工的工程（如体育场、火车站等大型公共建筑以及大型工业厂房等）；也用于工程规模不大或结构不复杂但各种资源（劳动力、施工机械设备、材料、构配件等）供应尚且不能落实或由于某些建筑结构设计、建筑规模可能还要进行较大的修改、具体方案尚未落实等情况的工程。编制控制性施工进度计划的单位工程，在进行各分部工程施工之前，还要分阶段地编制各分部工程的指导性施工进度计划。

2. 指导性（或实时性）施工进度计划

指导性施工进度计划按分项工程或工序来划分施工过程，以便具体确定每个分项工程或工序的施工起止时间及其相互搭接、配合关系。指导性施工进度计划适用于工程任务具体而明确、施工条件基本落实、各项资源供应比较充足、施工工期不太长的工程。

5.3.4　单位工程施工进度计划的编制程序

单位工程施工进度计划的编制程序如图 5-7 所示。

1. 划分施工过程

根据结构特点、施工方案及劳动组织确定拟建工程的施工过程。这些施工过程是施工进度计划组成的基本单元。划分过程可以有粗有细，一般来说，控制性的进度计划可以粗略些，实施性的施工进度可以具体些，单位工程施工进度计划应比较具体。划分施工过程通常应列表编号，核对是否重复或漏项。

非直接施工的辅助性施工过程和服务性的施工过程不必列入表中。施工过程的名称应尽可能与施工方案一致，并尽可能与现行定额手册上的项目名称一致。

划分施工过程要密切结合施工方案。由于施工方案不同，施工过程的名称、数量和内容也不同。如深基础施工，当采用放坡开挖施工时，其施工过程有井点降水和挖土两项；而采用钢筋混凝土灌注护坡桩施工时，施工过程则有井点降水、护坡桩施工及挖土三个项目。

2. 计算工程量

通常工程量计算是由施工图和工程量计算规则确定的。若编制计划时已有了预算文件，则可以直接利用预算文件中的有关工程量数据。如某些项目工程量有出入但相差不大，则可以结合实际情况相应调整和补充。计算工程量时应该注意以下问题：

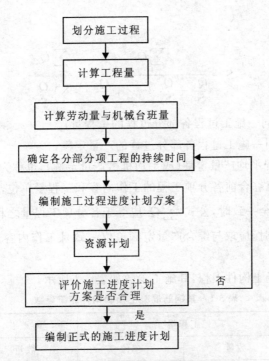

图 5-7　单位工程施工进度计划的编制程序

（1）各分部分项工程量的计算单位应与现实施工定额的计算工程量一致，以便计算劳动量和机械台班量时直接套用定额。

（2）结合部分分项工程的施工方法和安全技术要求计算工程量。如基础工程中的挖土方的人工挖土、机械挖土、是否放坡、坑底是否留工作面、是否设支撑等，其土方量计算是不相同的。

（3）当要求分段、分层组织施工时，工程量应分层、分段计算以便施工组织和进度计划的编制。

（4）计算工程量时应尽量考虑到其他计划使用工程量数据的方便，做到一次计算，多次使用。

3. 计算劳动量与机械台班量

根据施工过程的工程量、施工方法和施工定额进行劳动量和机械台班量计算，其公式如下：

$$P = \frac{Q}{S} \tag{5-7}$$

或

$$P = QH \tag{5-8}$$

式中　P——某一施工过程所需劳动量（或机械台班量）；

　　　Q——该施工过程的工程量；

　　　S——计划采用的产量定额（或机械产量定额）；

　　　H——计划采用的时间定额（或机械时间定额）。

施工计划中的施工过程所包含的工作内容为若干分项过程的综合时，可将该过程的定额相应扩大，求出平均产量定额，使其适应施工进度计划中所列的施工过程。平均产量定额可按下列公式计算：

$$\overline{S} = \frac{\sum\limits_{i=1}^{n} Q_i}{\dfrac{Q_1}{S_1} + \dfrac{Q_2}{S_2} + \cdots + \dfrac{Q_n}{S_n}} = \frac{\sum\limits_{i=1}^{n} Q_i}{\sum\limits_{i=1}^{n} \dfrac{Q_i}{S_i}} \qquad (5\text{-}9)$$

式中　$Q_1, Q_2, \cdots, Q_n$——同一施工过程各部分过程的工程量；

$S_1, S_2, \cdots, S_n$——同一施工过程各部分过程的产量定额；

$\overline{S}$——该施工过程平均产量定额（或平均机械产量定额），也称为综合产量定额。

实际应用时，应注意综合前各分项工程的工作内容和工程量单位，当合并综合前各分项工程内容和工程量单位完全一致时，公式 $\sum Q_i$ 应等于各分项工程量之和；当各部分分项工程内容和工作量单位不一致时，应取与综合产量定额单位一致且工作内容也基本一致的各分项工程的工程量之和。

例如，某一预制混凝土构件工程，其施工参数如表 5-1 所示。

表 5-1　某钢筋混凝土预制构件施工参数

施工过程	工程量		时间定额	
	数量	单位	数量	单位
安模板	165	10m^2	2.67	工日/10m^2
绑扎钢筋	19.5	t	15.5	工日/t
浇混凝土	150	m^3	1.90	工日/m^3

$$\overline{S} = \frac{\sum\limits_{i=1}^{n} Q_i}{\dfrac{Q_1}{S_1} + \dfrac{Q_2}{S_2} + \dfrac{Q_3}{S_3}}$$

$$= \frac{150 \text{ m}^3}{Q_1 H_1 + Q_2 H_2 + Q_3 H_3}$$

$$= \frac{150 \text{ m}^3}{165 \times 2.67 + 19.5 \times 15.5 + 150 \times 1.90}$$

$$= 0.146 (\text{m}^3/\text{工日})$$

该综合产量定额意义为：每工日完成 0.146m^3 预制构件的生产，其中包括模板支设、钢筋绑扎、混凝土浇筑的综合项目。

4. 确定各分部分项工程的持续时间

计算各施工过程的持续时间的方法一般有两种：

(1) 按劳动资源配制情况计算

$$T = \frac{P}{b \times n} \qquad (5\text{-}10)$$

式中　T——完成某施工过程的持续时间；

P——该施工过程所需要完成的劳动量（工日）或机械台班量；

n——每个工作班投入该施工过程的工人数（或机械台数）；

b——该施工过程每天投入的施工班组数（8 小时 1 班，每天最少 1 班，最多 3 班）。

（2）按工期要求倒排进度

$$n = \frac{P}{Tb} \qquad (5\text{-}11)$$

确定施工过程持续时间，还应考虑工作人员和机械的工作面情况。工作人员和机械数量的增加可以缩短工期。但当超过工作面限度时，则工人和施工机械的生产效率下降，同时也可能产生安全问题。

5.施工进度计划安排

编制施工进度计划时，应首先找出控制施工工期的主导施工过程，并安排其施工进度，其余施工过程与之相配和协调，尽可能地与之平行或最大限度搭接。

在编制施工进度计划时，各主导施工过程之间、主导施工过程中的各分项工程之间，应用流水施工组织方法和网络计划技术进行施工进度计划的设计。

由于建筑施工本身的复杂性，使施工活动的制约因素很多。因此在编制施工进度计划时，应尽可能地分析施工条件，对可能出现的困难要有预见性，使计划既符合客观实际，又要留有适当余地，以免计划安排不合理而难以执行。在编制施工进度计划后，我们还应对施工进度进行检查、调整和优化。检查工期是否符合要求，资源供应是否均衡，工作队是否连续作业，施工顺序是否合理，各施工之间搭接以及技术间歇、组织间歇是否符合实际情况。

此外，在施工进度计划的执行过程中，往往因人力、物力及各种客观条件的变化，使进度与原计划发生偏差，因此在施工过程中应不断地进行"计划→执行→检查→调整→重新计划"。近年来，计算机已广泛用于施工进度计划的编制、调整和优化，使计划的优化、调整速度大大地加快，节省了大量人力和时间。

6.资源计划

单位工程施工进度确定之后，可以根据进度计划编制各种资源计划，如劳动力计划，施工机械需要计划，各种材料、构件、半成品需要计划，以利于劳动组织和技术物资供应，保证施工进度计划的顺利完成。

（1）主要劳动力需要量计划

分别计算各施工过程的主要劳动力，并根据施工进度进行累加，就可以编制主要工种的劳动力需要量计划。劳动力需要量计划的作用是为现场劳动力调配提供依据，并以此安排生活福利设施。劳动力需要量计划表如表5-2所示。

表 5-2 劳动力需要量计划

序号	工作名称	总劳动量（工日）	每月需要量（工日）											
			1	2	3	4	5	6	7	8	9	10	11	12

（2）施工机械需要量计划

根据施工方案和施工进度计划确定施工机械类型、型号、数量与进场时间，并进行汇总得出施工机械需要量计划表，如表5-3所示。

（3）主要材料及构配件需要量计划

材料需要量计划主要为组织材料供应、确定材料仓库面积、确定材料堆场面积和运输计划之用。材料及构配件需要量计划如表5-4所示。

表 5-3　施工机械需要量计划

序号	机械名称	机械类型（规格）	需要量		来源	使用起讫时间	备注
			单位	数量			

表 5-4　材料及构配件需要量计划

序号	品名	规格型号	需要量		加工单位	供应日期	备注
			单位	数量			

（4）运输计划

运输计划用于组织运输力量，保证货源按时进场。运输计划见表 5-5。

表 5-5　运输计划

序号	需运项目	单位	数量	货源	运距（km）	运输量（t·km）	所需运输工具			起讫时间
							名称	吨位	台班	

7.单位工程施工进度计划评价指标

评价单位工程施工进度计划的优劣，主要有下列指标：

（1）工期

施工进度计划的工期应符合合同工期要求，并在可能情况下缩短工期。

（2）劳动力消耗的均衡性

力求每天出勤的人数不发生较大的改动，即力求劳动力消耗均衡，这对施工组织和临时布置都有很大好处。劳动力消耗的均衡性用劳动力不均衡系数 K 来表示，即

$$K = \frac{R_{\max}}{R_{平均}} \tag{5-12}$$

式中　$R_{\max}$——施工期间工人日最大需要量；

　　　$R_{平均}$——施工期间工人日平均需要量。

劳动力不均衡系数 K 愈接近1，说明劳动力安排愈理想。在组织流水作业的情况下，可得到较理想的 K 值。除了总劳动力消耗均衡外，对各专业工种工人的均衡性也应十分重视。

当建筑工地有若干单位工程同时施工时，就应该考虑全工地范围内劳动力消耗的均衡性，应绘出全工地劳动力耗用动态图，用以指导编制单位工程劳动力需要计划。

劳动力不均衡系数一般情况下不宜大于1.5。

任务四　单位工程施工平面图

在施工现场上，除拟建的建筑物外，还有各种为拟建工程施工所需要的各种临时设施，如混凝土搅拌站、起重机等设备，水电管网、运输道路，材料堆场及仓库，工地临时办公室及食堂等。为了使现场施工科学有序、安全，我们必须预先对施工现场进行合理的规划和布置。这种在建筑总平面图上布置的各种为施工服务的临时设施现场布置图称为施工平面图。单位工程

施工平面图一般按 1∶500～1∶200 的比例绘制。

施工平面图是施工方案在现场空间上的体现,反映了已建工程和拟建工程之间,以及各种临时建筑、临时设施之间的关系。现场布置得好,就可以使现场管理得好,为文明施工创造良好的条件;反之,如果现场施工平面布置得不好,施工现场道路不畅通、材料堆放混乱,就会对工程的进度、质量、安全、成本产生不良影响。因此,施工平面图设计是施工组织设计中一个很重要的内容。

5.4.1 单位工程施工平面图的设计依据

单位工程施工平面图设计主要有三个方面的资料:

1. 设计和施工的原始资料

(1)自然条件资料。自然条件资料包括地形资料、地质资料、水文资料、气象资料等。主要用来确定施工排水沟渠、易燃易爆品仓库的位置。

(2)技术经济条件资料。技术经济条件资料包括地方资源情况、供水供电条件、生产和生活基地情况、交通运输条件等。主要用来确定材料仓库、构件和半成品等堆场,道路及可以利用的生产和生活的临时设施。

2. 施工图

(1)建筑总平面图。在建筑总平面图上标有已建和拟建建筑物和构筑物和平面位置,根据总平面图和施工条件确定临时建筑物和临时设施的平面位置。

(2)地下、地上管道位置。一切已有或拟建的管道,应在施工中尽可能考虑利用,若对施工有影响,则应采用一定措施予以解决。

(3)土方调配规划及建筑区域竖向设计。土方调配规划及建筑区域竖向设计资料对土方挖填及土方取舍位置关系密切,它影响到施工现场的平面关系。

3. 施工方面资料

(1)施工方案。施工方案对施工平面布置的要求,应具体体现在施工平面上。如单层工业厂房的结构吊装、构件的平面布置、起重机开行线路与施工方案密不可分。

(2)施工进度计划。根据施工进度计划以及由施工进度计划而编制的资源计划,进行现场仓库位置、面积、运输道路等的布置。

(3)由建设单位提供原有的房屋及生活设施情况。建设单位提供原有可利用房屋和生活设施对施工现场平面布置有影响,并可降低临时设施费用。

5.4.2 单位工程施工平面图的设计内容

单位工程施工平面图设计的主要内容有:

(1)施工现场内拟建和已建的一切建筑物、构筑物及其他设施。

(2)施工机械位置,如塔式起重机位置、自行式起重机开行线路及停机点、混凝土控制站位置。

(3)地形图、土方调配区域及测量放线标桩等。

(4)为施工服务的一切临时设施等,主要有运输道路、各种材料堆场及仓库、生产和生活临时建筑、水电管线、消防设施等。

当然,施工对象不同,施工平面图布置也不尽相同。当采用商品混凝土时,混凝土的制备可以在场地外进行,这样现场平面布置就显得简单多了。当工程规模大、工期长时,各施工过程及各分部工程施工内容差异很大,其施工平面布置也随时间改变而变动很大,因此施工平面图设计应分阶段进行。

5.4.3 单位工程施工平面图的设计原则

单位工程施工平面图设计应考虑下列原则:

(1)在可能的情况下,尽量少占施工用地。少占用地除可以解决城市施工用地紧张的问题外,还有其他重要的意义。对于建筑场地而言,减少场内运输距离和临时水电管线长度,既有利于现场施工管理,又对施工成本起降低作用。通常我们可以采取一些技术措施以减少施工用地,如合理计算各种材料的储备量,尽量采用商品混凝土施工,有些结构件吊装时可以采用随吊随运方案,某些预制构件采用平卧叠浇方式,临时办公用房采用多层装配式活动房屋等。

(2)尽可能地减少临时建筑的设施。在保证工程顺利进行的条件下,尽量减少临时设施用量,尽可能地利用现有房屋做临时用房,水电管网选择应使长度最短。

(3)最大限度缩短场内运输距离,减少场内二次搬运。各种主要材料、构配件堆场应布置在塔吊有效工程半径范围之内,尽量使各种资源靠近使用地点布置,力求转运次数最少。

(4)要符合劳动保护、技术安全及消防要求。存放易燃易爆物品(如木材、油漆、石油沥青、卷材等)的设施之间要满足消防要求,考虑到操作人员的健康,石灰池、熬制沥青胶的地点应布置在下风处,主要消防设施应布置在现场存放易燃易爆物品的场所旁边并设有必要标志。

(5)要有利于生产、生活和施工管理。施工平面图设计应做到分区明确,避免人流交叉,便于工人的生产、生活,有利于现场管理。

在设计单位工程施工平面图时,除应遵循上述原则外,还应根据建筑物的主导施工过程,并结合工程的特点,进行多方案比较,优先采用技术上先进、经济上合理的设计方案。

5.4.4 单位工程施工平面图的设计步骤

设计单位工程施工平面图步骤如下:

1. 熟悉、分析有关资料

熟悉设计图样、施工方案和施工进度计划,调查分析有关资料,掌握、熟悉施工现场有关地形情况,水文、地质条件,在建筑总平面图上开始布置。

2. 决定起重机位置

施工进场的材料运输量很大,起重机械(如塔式起重机、履带式起重机、钢井架、龙门架等)及其位置,直接影响到材料仓库和堆场位置,砂浆及混凝土搅拌站位置以及场内运输道路、水电管网的布置,因此应首先考虑起重机位置的布置。

塔式起重机的布置要结合建筑物平面形状及四周场地条件而定,以充分发挥起重机的起重能力,使建筑物平面尽量处于塔式起重机回转半径范围内,尽量避免出现"死角",要使构件、成品、半成品等堆场尽量处于塔臂活动范围之内,使塔式起重机对建筑物的服务半径最大化。布置塔式起重机时应考虑其起重重量、起重高度和起重半径等参数,同时还应考虑装塔、拆塔时场地条件及施工安全等方面的要求,如塔基是否坚实,双塔回转时是否有碰撞的可能性,塔臂范围内是否有需要防护的高压电线等问题。

轨道式塔式起重机通常沿建筑物周边一侧或两侧布置，必要时应增设转弯设备，轨道的路基要坚实，并做好路基的排水处理。

　　固定式运输机具（如井架、龙门架、桅杆等）的布置，主要根据建筑物平面形状、机械的性能及服务范围、施工段划分情况、构件重量和垂直运输量、运输道路等决定，做到方便、安全，便于组织流水施工，便于地面和楼面水平运输并使其运输距离最短。

　　3.选择混凝土搅拌站位置

　　当施工方案中确定施工现场设置混凝土和砂浆搅拌机时，其布置要求如下：

　　（1）搅拌站应靠近施工道路布置，其前台应有装料或车辆调头的场地，其后台要有称量、上料的场地。尤其是混凝土搅拌站，要与砂石堆场、水泥仓库等一起考虑布置，既要使其互相靠近，又要方便各种大宗材料和成品的装卸与运输。

　　（2）搅拌站的位置应尽量靠近使用地点或靠近垂直运输设备。有时在浇筑大型混凝土基础时，为了减少混凝土的运输，可将混凝土搅拌站直接设在基础边缘，待基础混凝土浇完后再转移。

　　（3）当采用井架（或龙门架、建筑施工电梯）运输时，搅拌站应靠近井架布置；当采用塔式起重机运输时，搅拌机的出料口应布置在塔式起重机的服务范围之内，以使吊斗能直接装料和挂钩起吊。

　　（4）搅拌站的范围应设置排水沟，以防积水；搅拌站在清洗搅拌机时排出的污水应经沉淀池沉淀后再排入城市地下排水系统或排水沟，以防堵塞排水系统、污染环境。

　　（5）搅拌站的面积，以每台混凝土搅拌机需要 $25m^2$、每台砂浆搅拌机需要 $15m^2$ 计算；冬期施工时，考虑到某些材料的保温要求（如水泥、外加剂）和设置供热设施，搅拌站的面积应增加一倍。

　　4.确定材料及半成品堆放位置

　　材料和半成品的堆放是指砂、石、砖、石灰、水泥及预制构件等的堆放。应根据现场条件、施工方案、工期要求、运输能力、道路条件、搅拌站位置及材料储备量要求等综合考虑。砂、石、水泥等材料的储放应考虑与搅拌站靠近，方便运输装卸；石灰堆场、淋灰池应靠近砂浆搅拌机；沥青熬制地点应设在下风处，且避免靠近易燃品仓库；预制构件堆放应尽量使间距最小，避免场内重复运输，力求提高效率、节省费用。

　　5.确定场内运输道路

　　现场主要道路应尽量利用永久性道路，或先做好路基，然后在土建施工结束前再铺设路面。现场道路应最好布置成环形，道路的宽度单行道不小于 3～3.5m，双向车道不小于5.5～6m，路基要经过计算设计，转弯处要满足运输要求，要结合地形在道路两侧设排水沟，消防车道宽不小于 3.5m，道路的布置应尽量避开地下管道，以免管线施工时使道路中断。

　　6.确定各类临时设施位置

　　各类临时设施是指行政及生活用房、现场的生产用房及仓库用房。为单位工程服务的临时设施是较少的，一般有工地办公室、工人休息室、加工棚、工具库等。确定它们的位置时应考虑使用方便，不妨碍施工，并符合安全防火要求。

　　木工棚、钢筋加工棚、水电加工棚应离建筑物稍远，宜设在建筑物四周，并有相应木材、钢筋、水电材料及半成品堆放场地。

收发室、门岗应设在出入口处。

临时设施面积由场地条件确定，也可以参照有关标准通过计算确定。

临时供水线路要经过设计计算，然后在施工平面图上布置。主要内容有：水源的选择、取水设施的选用、用量计算（包括生产用水、生活用水及消防用水）。工地临时用水应尽量利用永久性供水系统以减少临时供水费用。因此，在进行施工准备时，临时线路应力求线路最短。根据经验，一般 5000～10000m² 的建筑物，施工用水主管管径为 50mm，支管管径为 40mm 或 25mm，消防用水管管径不小于 100mm，消火栓间距不大于 120m，布置应靠近道边或十字路口，消火栓距建筑物不大于 25m，距道边不大于 2m，高层建筑物施工用水应设蓄水池和高压水泵，以满足高空用水的需要。

临时用电设计计算包括用电量计算、电源选择、电力系统选择和配置。用电量计算包括生产用电及室内外照明用电的计算；选择变压器；确定导线的截面及类型。变压器应设在场地边缘高压电线接入处，变压器离开地面距离应大于 30cm，在四周 2m 外用高度大于 1.7m 的钢丝网围护以保证其安全，且变压器不得设在交通要道口。

临时用电线路应尽量架设在道路一侧，线路距建筑物距离应大于 1.5m，线路应尽可能保持水平。

5.4.5 单位工程施工平面图的评价指标

1. 施工用地面积及施工占地系数

$$施工占地系数 = \frac{施工用地面积(m^2)}{建筑面积(m^2)} \times 100\% \tag{5-13}$$

2. 施工场地利用率

$$施工场地利用率 = \frac{施工设施占用面积(m^2)}{施工用地面积(m^2)} \times 100\% \tag{5-14}$$

3. 临时设施投资率

$$临时设施投资率 = \frac{临时设施费用总和(元)}{工程总造价(元)} \times 100\% \tag{5-15}$$

临时设施投资率用于表示临时设施包干费支出情况。

任务五　单位工程施工组织设计实例

某办公楼工程施工组织设计实例

1　工程概况及目标

1.1　工程概况

工程名称：河南黄河工程局办公楼工程

建设单位：河南黄河工程局

建设地点：郑州市北环以北 500m，花园路和国基路交叉口西南侧。

工　　期：490 天

工程内容:河南黄河工程局办公楼(桩基除外)的土建、安装、一般建筑装饰以及人防工程等。

本工程为办公楼,基底面积为 1663.06m²,总建筑面积 26602.3m²,其中地下建筑面积为 1335.78m²,地上建筑面积为 25266.52m²,建筑高度为 61.65m。全现浇框架-剪力墙结构,地上十八层,地下一层。地下一层平时为汽车库,战时为人员掩蔽库。地上一层为营业厅,二层为营业厅辅助用房,三层及以上部分为办公用房。

1.1.1 建筑概况

建筑工程设计等级为一级,工程类别为一类,耐火等级为一级,抗震设防烈度为 7 度,建筑设计使用年限为 50 年,屋面防水等级为二级,地下室防水等级为一级。

主要室内装饰装修做法:

楼地面:花岗岩楼面、陶瓷地砖楼地面;

外墙:涂料外墙面;

内墙:釉面砖墙面、混合砂浆墙面、花岗石墙面(一楼电梯候梯厅墙面);

天棚:水泥砂浆、混合砂浆顶棚;

节能设计:挤塑聚苯板保温层。

1.1.2 结构概况

该工程采用钻孔灌注桩-筏板基础,结构安全等级为二级,地基基础设计等级为乙级,框架抗震等级为二级,抗震设防烈度为 7 度,建筑场地类别Ⅲ类。

混凝土等级:基础垫层为 C15 素混凝土,筏板为 C45,柱、墙标高 8.370 以下为 C45,标高 8.370～21.570 为 C40,标高 21.570～41.37 为 C35,标高 41.370 以上为 C30。梁、板标高 8.370 以下为 C40,8.370～21.570 为 C35,21.570 以上为 C30。楼梯及构件为 C25,外露构件为 C30,其他混凝土构件为 C20。地下室±0.000 以下采用防水混凝土,抗渗等级为 S6。

钢筋采用 HPB300 级、HRB335 级、HRB400 级热轧钢筋,焊条采用 E43、50 系列。

砌体:±0.000 以下采用 MU10 烧结多孔砖、M7.5 水泥砂浆砌筑;底层地面以上采用 200mm 厚加气混凝土砌块、M5 混合砂浆砌筑。

1.2 项目目标

1.2.1 质量目标

本工程的质量目标定为确保工程达到"合格工程"标准,我们将围绕该目标,充分发挥技术及装备优势,发扬本公司敢于攻克难关、勇于突破进取、善创优质工程的优良传统,严格按照 ISO9001:2000 标准质量管理体系的要求执行程序文件,确保质量目标的实现。

1.2.2 工期目标

确保达到合同工期目标。

1.2.3 科技进步管理目标

(略)

1.2.4 安全生产施工管理目标

施工中严把安全关,杜绝死亡和重大人身伤残事故以及机械设备事故,一般事故频率控制在 0.5‰ 以下,切实抓好安全生产。

1.2.5 文明施工现场管理目标

以确保工程建设文明施工达到建筑行业合格标准工地为目标,努力做好文明施工,为本单位树立良好的社会形象。

2 施工方案

2.1 施工总体安排

本工程工期紧,任务重,施工部署按照"先下后上,先土建后安装,先结构后装饰"的原则,实行平面分区、立体分层、流水施工的施工方法,按照系统工程原理,精心组织各工种、各工序的作业,对工程的施工过程、进度、资源、质量、安全、成本实行全面管理和动态控制。

在施工中,根据后浇带划分施工段,为突出重点、明确目标,将工程施工分为五大阶段。在基础施工完成后,每一施工段按"先下后上,先柱后梁板"的顺序施工。砌筑工程在主体结构施工至第七层时插入;内外装修在主体结构分步验收后插入,按上、下结合的顺序施工;屋面防水完工后,开始室内装修;安装工程的预留、预埋工程随结构施工同步进行,安装阶段应与土建装修做好协调配合。

第一阶段:施工准备阶段。重点做好场地交接,调集人、材、物等施工力量,进行施工平面布置、塔吊基础的施工及塔吊的安装,图纸会审,办理开工有关手续,做好技术、质量交底工作,目标是充分做好开工前的各项准备工作,争取早日开工。

第二阶段:地下室结构施工阶段。由于工程刚开工,此阶段主要是组织、协调,使施工尽快趋于正常,应抢晴天战雨天,做好现场的排水工作。

第三阶段:主体结构施工阶段。此阶段为工程施工的高峰期,标准层施工要达到七天一层楼。

第四阶段:砌体、装饰施工阶段。主体封顶后,即进入大面积砌体、装饰施工,同时水电安装也进入高峰期,此阶段为工程竣工的关键阶段,是文明施工和安全生产较难控制的阶段,重点要做好各方的协调工作。

第五阶段:室外工程施工阶段。此阶段为工程全面收尾阶段,应做好竣工资料的整理及工程消防工作。

2.2 流水施工走向及施工段划分

2.2.1 流水施工走向

根据本工程的特点,为了优质高效地完成本工程的施工任务,我们将充分利用有限的时间和空间,拟采用"先地下后地上,先主体结构后砌体粗装修,内外装饰同步进行,以主体施工为先导,各分部分项工程紧随其后,平面分段、立面分层;局部视具体情况,可以将外部装修等先行插入,科学地组织交叉作业"的施工组织原则,具体体现为:

①±0.000以下部分拟采用分步施工,以有效合理地利用场地;

②砌筑工程在框架结构开始施工,六层框架主体完工后插入;

③内墙粗装修紧随砌体之后进行;

④外墙装修待主体封顶后由上而下施工;

⑤安装工程的预留、预埋工程随主体施工同步进行;

⑥基础和主体结构施工期间,为便于组织流水施工,以及工具、设备等周转料具的调配使用,依照流水施工的原理组织;

⑦装饰工程的流水段划分参照结构施工的流水段划分及顺序,原则上以层或部位为不同的施工段。

2.2.2 施工段划分

按施工图所示的两个后浇带将本工程划分为三个施工段：由南至北为Ⅰ段→Ⅱ段→Ⅲ段，空间上按楼层依次逐层施工。

装饰工程待结构工程完工分步验收通过之后，方可进行。装饰工程可以按空间分层，由上而下依次逐层施工。

安装工程的预埋、预留工程均附属于上述结构施工和装饰施工，其所有施工均按照相应的分段划分和流向要求穿插配合组织实施。

2.2.3 施工顺序

总体工程施工顺序：建筑物定位、放线→桩基→挖土→基础结构→地下室施工→回填→主体结构→填充墙→抹灰、屋面→装饰装修及安装→水电暖调试→竣工验收。

地下室工艺流程：定位、放线、抄平→人工清理→混凝土垫层→砖胎模→底板防水→防水保护层→承台及底板钢筋、插筋→底板模板→隐蔽验收→浇筑底板混凝土→养护(拆模)→墙柱钢筋→梁板柱模板→梁板钢筋→隐蔽验收→浇筑墙、柱、顶板混凝土→养护→拆模→外墙防水→回填土。

主体结构工艺流程：柱钢筋焊接、绑扎→支柱模板并浇筑混凝土→搭设满堂梁板支承架、铺梁底模→梁筋焊接、绑扎→支梁侧模、板底模→钢筋绑扎→浇梁、板混凝土→养护→下一层结构(中间穿插填充墙砌筑工作)→主体封顶→主体结构验收。

装修结构工艺流程：门窗框安装→顶棚、墙面抹灰→楼地面基层→楼地面面层→吊顶→踢脚线、墙裙→其他室内精装修→油漆、涂料。卫生间在聚氨酯涂膜防水层施工完成后，铺地面砖。

2.3 施工现场平面规划

施工区域场地平整，交通畅通。施工用电、用水基本具备。工程开工时，桩基部分由业主另行分包施工完成。

在施工平面布置图中，将分别布置：监理办公及生活区、施工人员办公、生活设施、主要施工机械、材料堆放、安全保卫、临时施工道路、施工用水电及排污系统等。

在建筑物四周分别平行于总平面图的道路建围墙，现场大致布置情况及具体各种设施的布置见图5-8施工总平面图。

2.4 项目管理机构设置

项目经理部本着科学管理、精干高效、结构合理的原则，设项目经理一名、项目总工程师一名、土建和安装项目副经理各一名组成项目领导层。下设"五部一室"，即工程技术部、质量安全部、经营财务部、材料物资部、安装工程部、综合办公室，组成项目管理层。由本公司统一组织劳务施工承包范围内的土建及安装工程。

项目经理部主要施工管理人员表(略)。

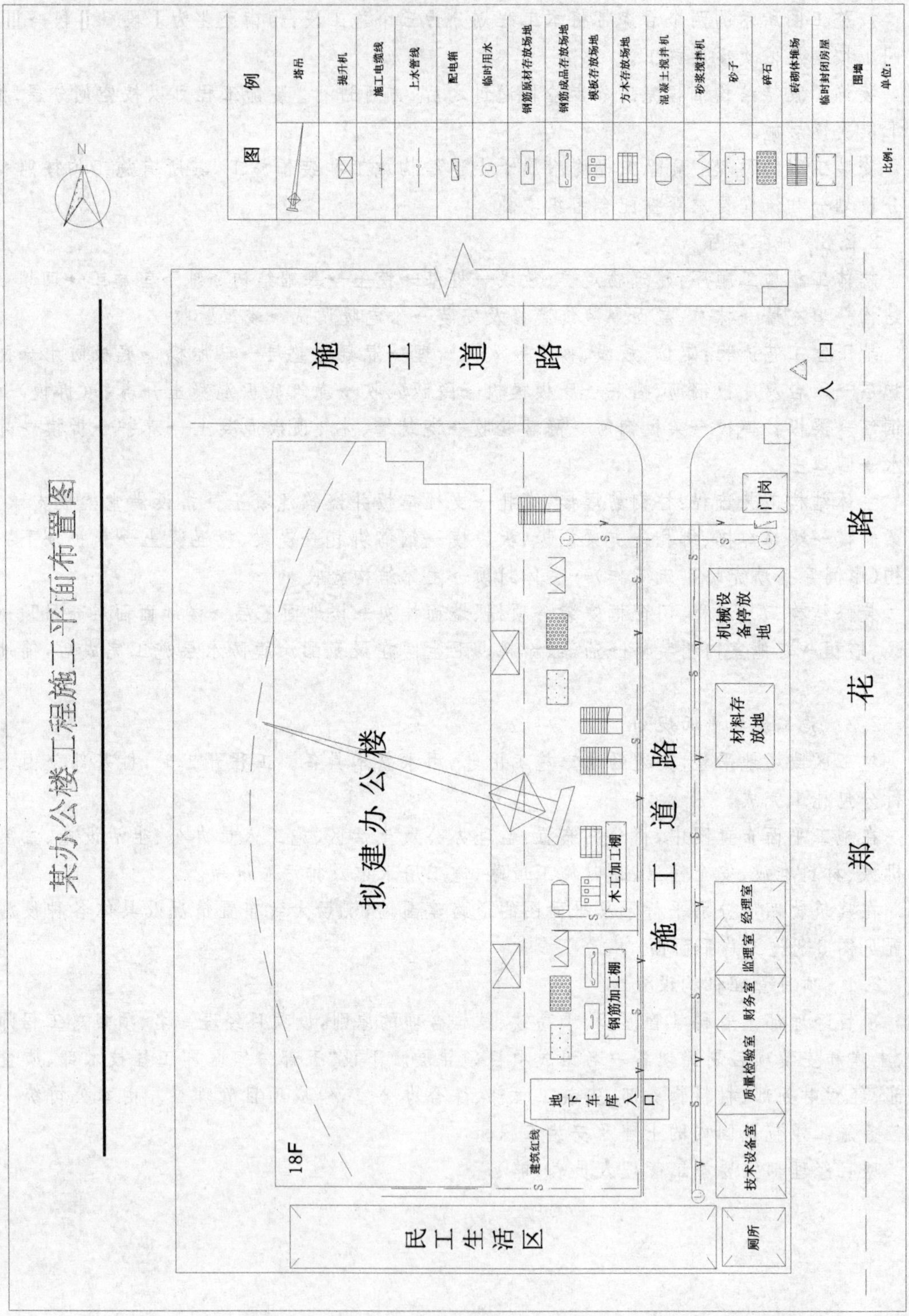

某办公楼工程施工平面布置图

图	例	
𝍏	塔吊	
⊠	提升机	
—	施工电缆线	
—	上水管线	
⊟	配电箱	
Ⓢ	临时用水	
	钢筋原材存放场地	
	钢筋成品存放场地	
	模板存放场地	
	方木存放场地	
	混凝土搅拌机	
⋁⋁	砂浆搅拌机	
	砂子	
	碎石	
	砌砌体维修场	
	临时封闭房屋	
	围墙	
比例:		单位:

18F

拟建办公楼

施 工 道 路

民工生活区

建筑红线

木工加工棚

钢筋加工棚

地下车库入口

机械设备停放地

材料存放地

经理室

监理室

财务室

质量检验室

技术设备室

厕所

门岗

施 工 道 路

入 口

郑 花 路

图5-8 施工总平面图

3 主要分部分项工程施工方案

由于钻孔灌注桩部分由甲方另行分包,本施工组织设计只包括筏板基础部分。

3.1 筏板基础

筏板基础由整块钢筋混凝土平板或板与梁等组成。整体性好,抗弯刚度大,可调整和避免结构物局部发生显著的不均匀沉降。

3.1.1 材料要求

水泥:硅酸盐水泥、普通硅酸盐水泥或矿渣硅酸盐水泥,要求新鲜无结块。

砂子:用中砂或粗砂,混凝土等级低于C30时,含泥量不大于5%;高于C30时,含泥量不大于3%。

石子:卵石或碎石,粒径5~40mm,混凝土等级低于C30时,含泥量不大于2%;高于C30时,不大于1%。

掺合料:采用Ⅱ级粉煤灰,其掺量应通过试验确定。

减水剂、早强剂:应符合有关标准的规定,其品种和掺量应根据施工需要通过试验确定。

钢筋:品种和规格应符合设计要求,有出厂质量证明书及试验报告,并应取样作机械性能试验,合格后方可使用。

火烧丝、垫块:火烧丝规格18~22号;垫块用1:3水泥砂浆埋22号火烧丝预制成。

3.1.2 施工工艺

①地坑开挖如有地下水,应采用人工降低地下水位至基坑底50cm以下部位,保持在无水的情况下进行土方开挖和基础结构施工。

②基坑土方开挖应注意保持基坑底土的原状结构,如采用机械开挖时,基坑底面以上20~40cm厚的土层,应采用人工清除,避免超挖或破坏基土。如局部有软弱土层或超挖,应进行换填,并夯实。基坑开挖应连续进行,如基坑挖好后不能立即进行下一道工序,应在基底以上留置150~200mm一层不挖,待下道工序施工时再挖至设计基坑底标高,以免基土被扰动。

③筏板基础施工,先在垫层上绑扎底板、梁的钢筋和上部柱插筋,先浇筑底板混凝土,待达到25%以上强度后,再在底板上支梁侧模板,浇筑完梁部分混凝土。

④当筏板基础长度很长(40m以上)时,应考虑在中部适当部位留设贯通后浇缝带,以避免出现温度收缩裂缝和便于进行施工分段流水作业;对超厚的筏形基础,应考虑采取降低水泥水化热和浇筑入模温度的措施,以避免出现过大温度收缩应力,导致基础底板裂缝。

⑤混凝土浇筑,应先清除地基或垫层上淤泥和垃圾,基坑内不得存有积水;木模应浇水湿润,板缝和孔洞应堵严。

⑥浇筑高度超过2m时,应使用串筒、溜槽(管)以防离析,混凝土应分层连续进行,每层厚度为250~300m。

⑦浇筑混凝土时,应经常注意观察模板、钢筋、预埋铁件、预留孔洞和管道有无移动情况,发现变形或位移时,应停止浇筑,在混凝土初凝前处理完后,再继续浇筑。

⑧混凝土浇筑振捣密实后,应用木抹子搓平或铁抹子压光。

⑨基础浇筑完毕,表面应覆盖和洒水养护,时间不少于7d,必要时应采取保温养护措施,并防止雨水浸泡地基。

⑩在基础底板上埋设好沉降观测点,定期进行观测、分析,做好记录。

3.2 混凝土的浇筑和振捣

混凝土待钢筋绑扎完毕,模板支设完毕并加固牢固,预埋铁件、预留孔洞准确后,填写混凝土浇灌申请表,请各专业工长签字同意并经监理公司检查认可后才许浇灌。

浇筑前,通过协议与气象台建立中、短期天气预报和灾害性天气预报制度,便于提前做好针对性的防雨、防风等措施,与有关部门建立良好的协作关系,保证道路畅通,水、电供应正常。在施工现场内设专人负责指挥调度,做到不待料、不压车,有序作业。

3.2.1 主体混凝土的浇筑和振捣

混凝土浇筑用一台输送泵垂直运输,布料机水平布料,梁、板、墙、柱一次浇筑成型。

①结构混凝土

结构层的施工缝均留在板的上下表面,竖向结构与水平结构混凝土分开浇筑,柱混凝土采取二次浇筑措施,柱四角、中心分别振捣。混凝土在浇筑过程中,均不得形成施工缝,如因特殊原因必须留施工缝,则按规范要求留置。在浇筑中,要控制好板面标高及平整度。用水准仪控制板面标高,为防止板面出现裂缝,对板面采用二次收浆法。

②柱子混凝土施工

为防止柱子烂根,在浇筑前先铺一层1～2cm与混凝土同标号砂浆,然后浇筑混凝土。混凝土浇筑时,每次下料厚度30～50cm,不宜过高,并应在柱四角及中心仔细振捣,结合柱子模板外部振捣法,直到四周泛出水泥浆为止。以后边下料边振捣,但下料速度不宜太快,所有柱与板交接处必须在混凝土浇筑完2h后左右进行二次振捣,以消除因柱混凝土下沉而产生的裂缝。

③梁、板混凝土的浇筑

在混凝土的浇筑前将模板上的垃圾、杂物清理干净,并用水清洗干净。

混凝土的布料可直接放在楼板上,但不能将一车混凝土或更多的混凝土集中堆放在一块板上,也不能将料集中堆放在楼板边角或有负弯矩钢筋的地方,楼板混凝土铺料的虚铺厚度可高于设计板厚2～3cm。

混凝土的振捣要先振梁、后振板。振捣器的操作要点是:快插慢拔,插点均匀,在振捣的过程中,宜将振动器上下略为抽动,以使上下振捣均匀。对于梁的振捣应从梁的一端开始,用"赶浆法"向另一端推进。在推进过程中一定要注意对流在前端的混凝土和梁底混凝土的振捣,不能漏振。待浇到一定距离后一定要注意再回头浇筑第二层,最后和板一起向前浇筑。在振捣过程中,振动棒的插点要均匀,不得漏振,振动棒每次移动距离应为30～40cm。对于梁柱接头钢筋较密处,混凝土不易振捣,此处应特别注意,必要时,可采用将钢杆和振动棒相结合的方法进行振捣,在板的混凝土振密实以后,用2m刮杠将混凝土的表面刮平,并用木抹子搓平,在混凝土初凝前再次用木抹子进行搓毛抹平。

混凝土的振捣过程中应注意保证钢筋的保护层厚度,绑扎好的钢筋不得随意踩踏、挪动,特别是板的负筋位置应经常检查,发现问题应及时纠正。

3.2.2 后浇带混凝土浇筑

后浇带必须在结构封顶且沉降稳定后才能封闭混凝土。封闭前,必须将整个混凝土表面的浮浆凿清形成毛面,清除垃圾及杂物,修理好被损坏的钢筋,并浇水湿润。封闭混凝土采用C40膨胀混凝土(内掺14%UEA膨胀剂),并保持至少15 d 的潮湿养护。

3.2.3 施工缝的处理

板面下的柱、梁和板面上的柱施工缝:这些部位在混凝土浇筑完成后,表面应基本平整,不得有松散石子和水泥浆。支模前,应清理干净表面的松散石子及杂物等。支模时,下部应留清扫口,浇筑混凝土前应清扫一次。

因不可预见因素造成混凝土浇筑面停歇4h以上,表面已开始初凝发硬,应按施工缝处理。若所在位置不符合规范要求,应采用人工搅拌或人工振捣法补救,使其达到规范要求。

3.3 泵送混凝土真空吸水技术

由于本工程采用的是泵送混凝土,为了取得较好的和易性,一般采用有较大流动性的塑性混凝土进行浇筑,混凝土水灰比较大,所以在梁板施工中可采用混凝土真空吸水技术。混凝土经振捣后,其中仍残留有水化作用以外的多余游离水分和气泡。混凝土的真空吸水处理,就是将混凝土中的游离水和气泡吸出,从而降低水灰比,提高混凝土早期强度。

采用真空吸水处理,可解决干硬性混凝土施工操作的困难,并可提高混凝土未凝结硬化前的表层结构强度,能有效地防止表面收缩裂缝和提高防冻等性能,缩短整平、抹面、表面处理、拆模等工序的间隔时间,为混凝土施工机械化连续作业创造条件。

真空吸水操作要点:采用真空吸水的混凝土拌合物,按设计配合比适当增大用水量,水灰比可在0.48~0.55之间,其他材料用量维持原设计不变;真空吸水的作业深度不宜超过30cm,由于混凝土中的部分多余水分和空气被抽吸排出,混凝土体积会相应缩小,因此振捣后提浆刮平的混凝土面要比所要求的混凝土表面略高,一般高出2~4mm;将真空吸盘放置在已浇筑捣实后的混凝土表面,使过滤网平整紧贴在混凝土上,注意检查真空吸盘周边的密封带,并要保证两次抽吸区域中有3cm的搭接;开机后真空度应逐渐增加,当达到要求的真空度(一般为500~600mm汞柱)开始正常出水后,真空度要保持均匀;结束吸水工作前,真空度应逐渐减弱,防止在混凝土内部留下出水通路,影响混凝土的密实度;开机延续时间可根据经验看混凝土表面的水分明显抽干,用手指压上无指痕或脚踩只留下轻微的痕迹,即可认为真空抽吸完成。真空吸水后要进一步对混凝土表面碾压抹光,保证表面的平整。

3.4 加气混凝土砌块

加气混凝土砌块是以水泥、矿渣、砂、石灰等为主要原料,加入发气剂,经搅拌成型、蒸压养护而成的实心砌块。用它砌筑墙体,可减轻墙重,提高工效;同时具有隔音、抗震等功效。

施工操作工艺如下:

①砌筑前,按墙段实量尺寸和砌块规格尺寸进行排列摆块,不足整块的可锯截成需要尺寸,但不得小于砌块长度的1/3。最下一层如灰缝厚大于20mm时,应用细石混凝土找平铺砌,应用不低于M2.5的混合砂浆,采取满铺满挤法砌筑,上下皮错缝砌接,转角处相互咬砌搭接,每隔两皮砌块钉扒钉一个,梅花形设置。砌块墙的钉子交接处,应使横墙砌块隔皮露头。

②灰缝应横平竖直,砂浆饱满。水平灰缝厚度不得大于15mm。竖向灰缝宜用内外临时夹板夹住后灌缝,其宽度不得大于20mm。

③砌到接近上层梁、板底部时,应用普通黏土砖斜砌挤紧,砖的倾斜度约为60°,砂浆应饱满密实。

④墙体洞口上部应放置2Φ6mm钢筋,伸出洞口每边长度不小于500mm。

⑤砌块墙与承重墙或柱交接处,应在承重墙或柱内预埋拉接筋,每500~1000mm高设一道2Φ6mm钢筋,伸入砌块墙水平灰缝内不小于700mm。当漏留拉结筋时,则可用黏结砂浆(体积配合比为:水泥:107胶:中砂＝1:0.2:2)在砌块端头与立墙接触面各涂抹5mm厚,挤塞严实,将多余砂浆刮平。当墙高大于3m时,常加设一水平混凝土带;如设计无要求,一般每隔1.5m加设2Φ6mm或3Φ6mm钢筋带,以增强墙体的稳定性。

⑥砌块与门口的联结：当采用后塞口时，将预制好埋有木砖或铁件的混凝土块，按洞口高度2m以内每边砌筑三块；洞口高度大于2m时，每边砌筑四块。安装门框时用手电钻在边框预先钻出钉孔，然后用钉子将木框与混凝土内预埋木砖钉牢；当采用先立口时，在砌块和门块外侧均涂抹黏结砂浆5mm后挤压密实。同时校正墙面的垂直度、平整度和位置。然后再在每侧均匀钉三个长钉，与加气混凝土固定。

⑦砌块与楼板或梁底的联结：一般在楼板或梁底每1.5m预留2Φ6mm拉结筋插入墙内；如未预留拉结筋时，可先在砌块与楼板接触面抹黏结砂浆，每砌完一块，用小木块揳在砌块上皮贴楼板底（梁底与砌块揳牢，用黏结砂浆塞实，灰缝刮平）。

⑧加气混凝土砌块墙每天砌筑高度不宜超过1.8m。

3.5 屋面防水

(1)操作工艺

基层清理→喷刷冷底子油→铺贴卷材附加层→铺贴屋面第一层卷材→铺贴屋面第二层油毡→热熔封边→蓄水试验→铺设保护层。

(2)基层清理：防水屋面施工前，将验收合格的基层表面的尘土、杂物等清扫干净。

(3)铺贴卷材附加层：在女儿墙、檐沟墙、管道根与屋面的交接处及檐口、天沟、斜沟、雨水口等部位，按设计要求先做卷材附加层。

(4)铺贴卷材防水层：在女儿墙、檐沟墙、管道根与屋面的交接处及檐口、天沟、斜沟、雨水口等部位，按设计要求先做卷材防水层。

(5)热熔封边：将卷材搭接处用喷枪加热，趁热使二者粘结牢固，以边缘挤出沥青为度，末端收头用密封膏嵌填严密。

(6)质量标准

①屋面不得有积水和渗漏现象，所使用材料各项技术性能指标必须符合质量标准和设计要求，产品应附有现场取样进行复核验证的质量检测报告或其他有关质量证明文件。

②防水层的厚度和层数应符合设计规定，结构基层稳定，平整度符合规定。

③卷材防水层铺贴、搭接、收头应符合设计要求和屋面工程技术规范的规定。搭接宽度准确，接缝严密，不得有皱折、鼓泡和翘边，收头应固定，密封严密。

④卷材防水层的保护层应结合紧密、牢固，厚度均匀一致。

4 施工现场布置及劳动力计划表

施工现场临时用地及劳动力计划表如表5-6、表5-7所示。

表5-6 临时用地计划表

用途	面积(m²)	位置	需用时间
现场办公室	137.5	现场内	2007.10－2009.2
工人宿舍	500	现场内	2007.10－2009.2
工人食堂	50	现场内	2007.10－2009.2
临时厕所	45	现场内	2007.10－2009.2
设备储藏室	80	现场内	2007.10－2009.2
机修间及库房	75	现场内	2007.10－2009.2
其他	100	现场内	2007.10－2009.2
合计	987.5		

表 5-7 拟投入劳动力计划表

工 种	劳动力人数	备 注
瓦工	70	墙体砌筑
木工	80	支拆模板、木门安装
钢筋工	80	钢筋成型与绑扎
混凝土	40	混凝土搅拌与浇筑振捣
机械工	10	塔吊、施工电梯等机械操作
架子工	15	搭拆龙门架、脚手架
防水工	15	地下室、卫生间及屋面防水
抹灰工	60	装饰粉刷
油漆、涂料工	30	外墙装饰粉刷
电焊工	15	钢筋焊接、构件制作
水、电、暖通工	30	水、电、暖通安装
辅助工	10	现场用水、用电、机械维修
总计	455 人	

5 拟投入的主要物资计划及施工机械进场计划

5.1 主要物资准备

主要物资需要量如表 5-8、5-9 所示。

表 5-8 主要材料需要量计划表

主要材料	单位	数量	按工程施工阶段投入的数量情况					
			2007 年 10 月下旬~12 月	2008 年 1~3 月	4~6 月	7~9 月	10~12 月	2009 年 1~2 月
水泥 32.5 级	吨	1045	0	0	500	445	100	0
白水泥	kg	18232	0	0	0	10000	5232	3000
黏土砖	千块	6.4	3.4	3	0	0	0	0
多孔砖	千块	11.8	8	3.8	0	0	0	0
加气混凝土块	m³	3661	0	2000	1200	461	0	0
砂	m³	2331	0	500	1000	200	531	100
石子	m³	106	0	0	30	30	36	0
模板料	m³	175	50	65	60	0	0	0
钢筋	t	1832	500	800	532	0	0	0

表 5-9　周转材料需要量计划表

序号	名称	规格	数量	备注
1	普通钢管	φ48×3.5	150t	包括外架
2	扣件	三种规格配齐	15 万颗	扣件按三种类型备齐
3	碗扣支撑体系		100t	按横杆、立杆各三套配置
4	可调托撑头		1200 套	模板支撑体系
5	木枋	50mm×100mm	75m³	模板体系
6	竹跳板	3m 长	960m²	脚手架及安全防护通道
7	安全网	底网 3m×6m	250 张	用于外架和洞口封闭
8		侧网	11000m²	用于外脚手架封闭
9	双面覆膜九层板	915mm×1830mm×18mm	7000m²	用于楼梁柱板模板
10	木跳板	50mm 厚	50m³	行走通道

5.2　施工机械配备

施工机械和仪器需要量详见表 5-10、表 5-11。

表 5-10　拟投入的主要施工机械设备表

序号	机械或设备名称	规格型号	数量	产地	制造年份	额定功率(kW)	完好程度
1	塔吊	QTZ60	1	徐州	2003/10	38.9	70%
2	施工电梯	JD350	1	浙江	2004/10	63.2	80%
3	混凝土输送泵	HBT80	1	郑州	2003/8	110	70%
4	混凝土搅拌机	JZM750	1	郑州	2003/10	40	70%
5	砂浆搅拌机	UJZ	3	柳州	2004/9	12.3	80%
6	低压变压器	24V	1	徐州	2005/8	100	90%
7	电动套丝机	TQ100-A	2	徐州	2004/6	3.1	80%
8	电动割管机	φ400	2	徐州	2003/4	4.3	70%
9	台钻	EQ3025	4	徐州	2003/4	2.2	70%
10	电锤	ZIC1-16	3	山东	2004/8	1.4	80%
11	气焊工具		3	柳州	2005/9	5.3	80%
12	混凝土平板振动器	PZ-50	6	郑州	2004/10	4	70%
13	插入式振动器	HZ-60	14	郑州	2003/9	2.5	70%
14	小型翻斗车	JS-1	3	山东	2002/9	4.6	70%
15	蛙式打夯机	HW-60	4	徐州	2003/10	3	70%
16	圆锯	MJ-225	3	郑州	2005/3	5.7	80%
17	潜水泵	QB-100	1	柳州	2004/2	5.4	80%
18	平刨	MB-504	4	郑州	2006/9	4.8	90%
19	交流电焊机	BS9-500	2	徐州	2003/9	38.6	70%
20	闪光对焊机	UN2-100	3	郑州	2003/9	100	70%
21	钢筋切断机	GJ5-40	2	郑州	2004/10	4.8	70%
22	钢筋弯曲机	GJ7-70	2	郑州	2003/8	4	70%
23	钢筋调直机	CT414	3	郑州	2004/7	5	70%
24	柴油发电机	TZH-250	1	徐州	2002/9	110	70%
25	自卸汽车	东风	3	郑州	2003/10	30	70%

表 5-11　主要材料试验、测量、质检仪器设备表

序号	机械或设备名称	规格型号	数量	产地	制造年份	额定功率(kW)	完好程度
1	全站仪	DTM352	1	南京	2005/8		80％
2	普通经纬仪	DJ2	1	南京	2003/5		80％
3	普通水准仪	DZ3	1	南京	2005/9		80％
4	激光铅直仪		1	南京	2003/6		70％
5	干燥箱	JJB1-G202	3		2003/5		70％
6	恒温恒湿控制仪	BYS-D2	2		2005/9		80％
7	抗折试验机	NYL-300C	3		2003/6		80％
8	发电机		3		2005/8		80％
9	压力控制机	JS23-50T	3		2003/6		70％
10	振动台	PQ120C	4		2005/8		80％
11	标准养护室		2		2005/9		80％
12	标准养护箱		2		2003/6		80％

6　施工组织措施

6.1　冬雨季施工措施

6.1.1　冬季施工措施

(1)冬季钢筋施工

①所有墙板、底板钢筋中小规格需冷拉的钢筋应提前冷拉,避免在严寒下冷拉。

②所有钢筋的焊接,应尽量安排在工棚内进行,工棚内设临时取暖器。

③负温天气下,钢筋必须在室外焊接时,应采用负温焊接参数施焊。

④组织钢筋焊接人员对冬季焊接的参数(包括闪光对焊、电渣压力焊、电弧焊)进行学习,现场练习。

(2)冬季混凝土施工

①混凝土的浇筑

a.若遇雨雪天气或霜冻天气,混凝土在浇筑前,应清除模板和钢筋上的冰雪,以减少热量损失。

b.当分层浇筑底板混凝土或剪力墙混凝土时,派专人用温度计进行测温,确保已浇筑层的混凝土温度,在未被上一层混凝土覆盖前,不低于计算规定温度,也不低于2℃。

c.浇筑混凝土应尽量避开当日的最低气温时段。

d.混凝土浇筑时,在严寒天气应做好人员的防冻保护工作。

②混凝土的养护

a.考虑到本地区冬季最低平均气温为 3.7℃左右,所以为确保混凝土表面温度与内部温度的温差在规范允许范围内,混凝土浇筑后,均在混凝土表面覆盖农用塑料薄膜,塑料薄膜上再加盖一层草包。并留设测温点,派专人进行测温,以控制混凝土内外温差,避免温度应力引起的混凝土裂缝。

b. 混凝土浇筑后,由资料员负责加做一组试块,在混凝土拆模前或撤除覆盖措施前试压,确保混凝土强度达到标准值的30％之后方可拆模或去掉覆盖措施。

6.1.2 雨季施工措施

(1)施工场地

场地排水:施工现场及构件生产基地应根据地形对场地排水系统进行疏通以保证水流畅通,不积水,并要防止四邻地区地面水倒入场内。进入雨季施工前,规划整个施工现场排水,场地内外的排水沟,以及潜水泵排水系统要在雨季到来之前完成。

道路:现场内主要运输道路两旁要做好排水沟,保证雨后通行不陷。保证场内交通道路的完好,设专人负责排水沟通畅,保证雨后能及时排除场地内的积水。

(2)机电设备及材料防护

机电设置:机电设备的电闸箱采取防雨、防潮等措施,并安装接地保护装置。

原材料及半成品的保护:对石膏板以及怕雨淋的材料要采取防雨措施,可放入棚内或室内,垫高并保证通风良好。

(3)钢筋混凝土管理

多年来的气象资料表明,河南省雨季多在7~8月份,而此时工程主要为主体部分。而混凝土在雨季施工中坍落度偏大,并且雨后模板、钢筋表面淤泥较多,影响混凝土质量。因此,我们将尽量避免混凝土浇捣在雨天进行,如无法避免,则采取混凝土开盘前根据砂石含水率调整配合比、适当减少加水量、合理使用外加剂等一系列措施,确保工程质量。

砌筑工程及混凝土工程,砂浆和混凝土要根据现场砂石的含水情况,调整配合比,以保证混凝土和砂浆的质量,水泥外加剂等存放在室内。同时要严格控制每日的砌筑高度,雨天浇筑混凝土要有防雨措施。

6.2 工程质量保证措施

(1)严格执行"三个百分之百"的技术管理制度,即图纸会审、施工方案、技术交底百分之百到位方可施工的技术管理制度。

(2)严格把好四道关,即:"人员关"、"工艺关"、"材料关"和"检查关"。

"人员关"即加强职工质量意识教育和操作技能培训,提高广大职工的质量意识和操作技能,做到人人持证上岗。

"材料关"即把好材料检验关,材料进场前必须检查,经过批准后方可订货进场。材料要有产品的出厂合格证明,并根据规定做好材料的试验、检验工作。不合格的材料不准进入施工现场,已经进入现场的必须全部撤出现场。

"工艺关"即坚持合理的施工程序,严格按图纸和规范施工,建立工序控制工作标准和技术复查制度,严肃施工工艺纪律,实行工程施工过程中的标准化、程序化,积极推广应用新工艺,不断提高工程质量。

"检验关"即每道工序施工前,施工技术负责人必须向操作人员进行详细的技术交底,施工过程中及时进行质量检查和认可。班组要严格执行自检、互检、交接检工序制度。

(3)坚持"三检制度",推行"样板间",争取一次性全优。

(4)加强测量放线,严格执行测量复核制度。对工艺轴线、标高须经自检和甲方复检后方可施工。指定专人负责认真做好测量放线、定位工作,严格控制轴线、标高、垂直度、平整度误差,做好单位工程沉降观测记录。

（5）认真做好工程技术的档案管理工作，保证做到工程技术资料真实完整，并与工程进度同步。

（6）浇筑混凝土前，对钢筋、模板全面检查，轴线允许偏差为10mm，标高±5mm，混凝土浇筑完要用抹子抹平，浇筑后的混凝土要有专人养护。

（7）施工前应认真熟悉审查图纸，研究施工组织设计，明确施工方法和施工工艺，做好技术交底。

（8）做好成品及半成品保护工作。

6.3　工程安全保证措施

（1）沿建筑物内外边线用密口安全网进行全封闭式围护，且在临近施工道路及机械一侧用钢管搭设悬挑式双层缓冲平挡防护棚，并在防护棚顶周边搭设1m高围栏，以确保行人安全。

（2）进入施工现场的所有人员均应佩带好安全帽，高处作业的人员应系好安全带，特种作业人员应持证上岗，并佩带相应的劳动保护用品。

（3）在无脚手架的楼层、屋面层、楼梯口、洞口后浇带区域等临边作业，必须搭设防护栏杆。防护栏杆由上下两道扶手及栏杆组成，采用$\phi48\times3.5$钢管，上扶手离地1.1m，立柱与预埋件焊牢。

（4）施工现场要明确划分用火作业区、易燃易爆材料堆放场、仓库处、易燃废品集中点和生活区等。各区域之间的间距要符合防火规定。

（5）搅拌机搭设防砸、防雨、防尘操作棚。使用前固定牢固，移动时先切断电源，启动装置、离合器、制动器、保险链（钩）、防护罩齐全完好，使用安全可靠。搅拌机停止使用，料斗升起时，挂好料斗保险链（钩），维修、保养清理切断电源，均设专人监护。

（6）施工现场必须配备足够的防火、灭火设施和器材。如：防火工具（消防桶、消防梯、铁锹、安全钩等）、砂箱（池）、消防水池（缸）、消防栓和灭火器。

（7）工棚或临时宿舍的搭建及间距要符合防火规定。

临时宿舍尽可能搭建在离在建建筑物20m以外之处，并不得搭在高压架空电线下面，应和高压架空线路保持安全距离。

工棚内顶高度一般不低于2.5m。每幢宿舍居住人数不宜超过100人，每25人要有一个可直接出入的门，门宽不少于1.2m，同时必须外开。

6.4　工程文明施工措施

（1）项目部加强对施工、生产双安全的管理，制订相应措施，重点对现场吸烟、材料乱堆乱放，职工擅自进入禁入区域及文明待人方面进行教育，制订奖罚措施，确保生产、施工双安全。

（2）加强对文明施工督促检查，严格规章制度，对于现场动火必须按规定办理动火证。遵守相关规定，并采取防范措施，确保安全。

（3）施工现场围墙封闭严密、完整、牢固、美观，上口要平、外立面要直，高度不得低于2.2m。在大门的明显处设置统一式样的施工标牌——"一图五牌"，内容详细，字迹工整、规范、清晰。现场内做好排水措施，现场道路平整坚实。

7　施工工期网络图和进度计划表

实现施工工期总目标，必须严格控制主要工序的施工工期，统筹安排，合理调整各工序的开始时间和结束时间。施工进度中结合施工部署总要求，确保工期，按时完成施工任务（图5-9）。

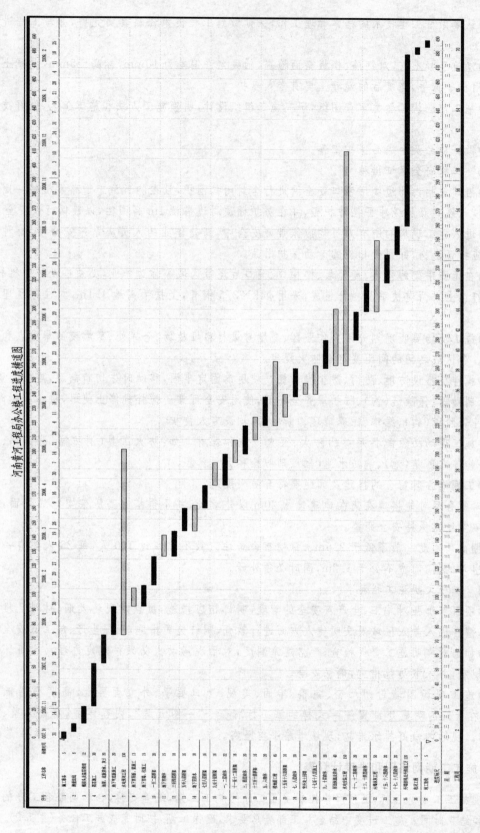

图5-9 施工进度计划

思考与练习

一、选择题

1. 下面几个施工项目中( )工程适合安排在冬期施工。

A. 外装修 B. 屋面防水 C. 吊装 D. 土方

2. 某工程劳动量为 720 工日,要求在 20 天内完成,采用两班制施工,则每天需要的人数为( )。

A. 36 人 B. 28 人 C. 10 人 D. 18 人

3. 时标网络计划中,关键线路可用( )表示。

A. 虚箭线 B. 实箭线 C. 双箭线 D. 波形线

4. 单位工程施工组织设计是以( )为研究对象编制的技术性、经济性文件。

A. 一个建设项目或建筑群 B. 一个单位工程

C. 一个分部工程 D. 一个分部分项工程

5. 在单位工程施工平面图中,首先应考虑( )的内容。

A. 现场道路 B. 仓库和堆场 C. 水电管网 D. 垂直运输机械

6. 在编制施工方案时,确定施工过程的顺序应当做到( )。(多选)

A. 遵守施工工艺的要求 B. 考虑安全技术的要求

C. 符合材料供应的要求 D. 根据工程量计算规则

7. 单位工程施工平面图,应包括( )等主要内容。

A. 场内已建的建筑物、构筑物及设施位置和尺寸 B. 安全及防火设施的位置

C. 建筑结构布置及配筋 D. 场内地下设施及地下管网的布置

二、简答题

1. 什么叫单位工程施工组织设计?

1. 单位工程施工组织设计的编制依据和程序有哪些?

2. 确定施工顺序应遵守的基本原则和基本要求是什么?

3. 施工方案包括哪些内容?

4. 试述单位工程施工进度计划的编制步骤。

5. 划分施工过程时应注意哪些问题?

6. 试述单位工程施工平面图的主要内容和绘制步骤。

7. 有哪些指标可以进行施工组织设计方案的评价?

情境六 施工管理实务

任务一 建筑工程项目管理的组织机构确定

6.1.1 施工项目经理

项目组织的含义:建设工程项目管理组织是指在建筑工程项目内,由完成各种项目管理工作的人、单位、部门按照一定的规则或规律组织起来的临时性机构。

施工项目经理的含义:项目经理是施工企业在承包的建设工程施工项目中的委托代理人。

1.施工项目经理的主要职责

(1)贯彻执行国家和工程所在地政府的有关法律、法规和政策,执行企业的各项管理制度;

(2)严格规范财务制度,加强财经管理,正确处理国家、企业与个人的利益关系;

(3)执行项目承包合同中由项目经理负责履行的各项条款;

(4)对工程项目施工进行有效的控制,执行有关技术规范和标准,积极推广应用新技术,确保工程质量和工期,实现安全、文明生产,努力提高经济效益。

2.施工项目经理的权限

(1)组织项目管理班子;

(2)以企业法定代表人的代表身份处理与所承担的工程项目有关的外部关系,受托签署有关合同;

(3)指挥工程项目建设的生产经营活动,调配并管理进入工程项目的人力、资金、物资、机械设备等生产要素;

(4)选择施工作业队伍;

(5)进行合理的经济分配;

(6)企业法定代表人授予的其他管理权力。

6.1.2 施工项目经理部

由项目经理在企业支持下组建并领导,进行项目管理的组织机构称为项目经理部。项目经理部在项目经理的直接组织和领导下,承担施工项目管理任务,组建施工项目经理部。

1.组建的时间

(略)

2.项目管理机构的组建

根据不同的施工项目特点,项目经理部的组织方式也不同,一般可包括:

(1)部门控制式

这种组织方式在不打乱企业现行建制的条件下,把项目委托给企业下属某一部门或施工队单独组织项目实施。

（2）混合工程队式

这是完全以承包项目为对象来组织项目承包队伍,企业职能部门和下属施工单位处在服从地位,属于直线职能式组织方式。

（3）矩阵组织形式

矩阵组织形式把企业职能原则和项目对象原则结合起来,形成了一种纵向企业职能机构和横向项目机构相互交叉的"矩阵"型组织形式。

6.1.3　项目管理组织类型及特点

现行项目管理组织结构类型主要有:职能式组织结构、项目式组织结构和矩阵式组织结构(其中又包括职能矩阵、平衡矩阵和项目矩阵)。

1. 职能式组织结构

职能式组织结构就是在组织目前的职能型等级结构下加以管理,一旦项目开始运行,项目的各个组成部分就由各职能单位承担,各单位负责完成其分管的项目内容。如果项目的性质既定,某一职能领域对项目的完成发挥着主导性的作用,职能领域的高级经理将负责项目的协调工作。

这种结构的优点:第一,在人员的使用上有较大的灵活性,只要选择了一个合适的职能部门作为项目的上级,该部门就能为项目提供它所需要的专业技术人员,而且技术专家可以同时被不同的项目所使用,并在工作完成后又可以回去做他原来的工作;第二,在人员离开项目组甚至离开公司时,职能部门可作为保持项目连续性的基础;第三,职能部门可以为本部门的专业人员提供一条正常的晋升途径。

这种结构的缺点在于:一是项目经常缺少重点,每个职能单位都有自己的核心常规业务,有时为了满足自己的基本需要,对项目的责任就被忽视,尤其是项目给单位带来不同的利益时;二是这种组织结构在跨部门之间的合作与交流方面存在一定困难;三是项目参与者的动机不够强,他们认为项目是一项额外的负担,与他们的职业发展和提升无直接关系;四是在这种组织结构中,有时会出现没有一个人承担项目的全部责任的情况,往往是项目经理只负责项目的一部分,另外一些人则负责项目的其他部分,最终导致协调困难的局面。

2. 项目式组织结构

项目式组织结构就是指创建独立项目团队,这些团队的经营与母体组织的其他单位分离,有自己的技术人员与管理人员,企业分配给项目团队一定的资源,然后授予项目经理执行项目的最大自由。

这种结构的优点在于:一是这种项目团队重点集中,项目经理对项目全权负责,项目团队工作者的唯一任务就是完成项目,并只对项目经理负责,避免了多重领导;二是项目团队的决策是在项目内制订,反应时间比较短;三是在这种项目团队中,成员动力强、凝聚力高,参与者分享项目及小组的共同目标与个人责任比较明确。

这种组织结构的缺点在于:一是当一个公司有多个项目时,每个项目有自己一套独立的班子,这将导致不同项目的重复努力和规模经济的丧失;二是项目团队自身是一个独立的实体,容易产生一种被称为"项目炎症"的疾病,即项目团队与母体组织之间出现一条明显的分界线,削弱项目团队与母体组织之间的有效融合;三是创建自我控制的项目团队限制了用最好的技术来解决问题;四是对项目组成员来说,缺乏一种事业的连续性和保障,项目一旦结束,返回原来的职能部门可能会比较困难。

3. 矩阵式组织结构

矩阵式组织结构是一种混合形式,它在常规的职能层级结构之上"加载"了一种水平的项目管理结构。根据项目与职能经理相对权力的不同,实践中存在不同种类的矩阵体系,分别有权力明显倾向于职能经理的职能矩阵,权力明显倾向于项目经理的项目矩阵和传统矩阵安排的平衡矩阵。

这种组织结构的优点在于:一是和职能式组织结构一样,资源可以在多个项目中共享,可大大减少项目式组织中人员冗余的问题;二是项目是工作的焦点,具有一个正式指定的项目经理会使他对项目给予更强的关注,负责协调和整合不同单位的工作;三是当有多个项目同时进行时,公司可以平衡资源以保证各个项目都能完成其各自的进度、费用及质量要求;四是项目组成员对项目结束后的忧虑减少,他们一方面与项目有很强的联系,另一方面他们对职能部门也有一种"家"的感觉。

这种组织结构的缺点在于:一是矩阵结构加剧了职能经理和拥有关键技能与看法的项目经理之间的紧张局面;二是任何情况下的跨项目分享设备、资源和人员都会导致冲突和对稀缺资源的竞争;三是在项目执行过程中,项目经理必须就各种问题与部门经理进行谈判和协商,从而导致决策的制订被耽误;四是矩阵管理与命令统一的管理原则相违背,项目组成员有两个上司,即项目经理和部门经理,当他们的命令有分歧时,会令成员感到左右为难,无所适从。

矩阵的三种不同形式并不一定都具有上述优缺点:项目矩阵可能会提高项目的整合度,减少内部权力斗争,不好的是职能领域对其控制力较弱,容易出现"项目炎症";职能矩阵能提供一个更好的系统来管理项目之间的冲突,问题在于职能控制的维持是以低效的项目整合为代价的;平衡矩阵能够更好地实现技术与项目要求之间的平衡,但它的建立与管理是很微妙的,很可能会遇到与矩阵组织有关的很多问题。

任务二 建筑工程项目进度控制

在工程施工进度计划执行过程中,由于资金、人力、物资的供应和自然条件等因素的影响,往往会使原计划脱离预先设定的目标。计划的平衡是相对的,不平衡是绝对的。因此,要随时掌握工程施工进度,检查和分析施工计划的实施情况,并及时地进行调整,保证施工进度目标的顺利实现。

6.2.1 施工进度管理的基本原理

1. 施工进度管理的概念

施工进度管理,就是针对所编制的施工进度计划,为确保项目施工进度目标的实现而展开的一系列活动。

施工进度管理是一个动态的循环过程。要明确施工项目的进度目标,并进行适当的分解,编制施工进度计划;在施工进度计划实施过程中,定期搜集和整理实际进度数据,并与计划进度值进行分析和比较;一旦发现进度偏差,应及时分析产生的原因,采取必要的纠偏措施或调整原进度计划。如此不断循环,直到工程竣工交付使用为止。施工进度动态管理的基本原理如

图 6-1 所示。

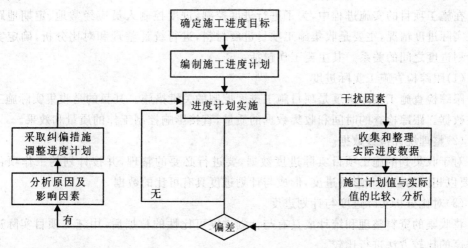

图 6-1 施工进度动态控制

2.进度管理的作用和内容

施工进度管理的作用：

(1)施工外部环境及内部因素的不确定性。

(2)施工活动的复杂性。

(3)管理失误的不可避免性。

施工进度管理的主要内容：

(1)收集和检查实际施工进度情况，并进行跟踪记载；

(2)比较和分析施工进度计划的执行情况，对工期的影响程度，寻找原因；

(3)决定应采取的相应措施和办法；

(4)调整施工进度计划。

6.2.2 施工阶段进度控制的实施与检查

施工进度控制的实施与检查，实际上是融会贯穿于进度计划实施的始终。

1.施工阶段进度控制的实施

施工项目进度计划的实施就是施工活动的安排和开展，也就是用施工进度计划指导施工活动，落实和完成施工进度计划。

(1)施工项目进度计划的贯彻

①检查各层次的计划，形成严密的计划保证系统；

②层层签订承包合同或下达施工任务书；

③计划全面交底，发动群众实施计划。

(2)施工项目进度计划的实施

①编制月(旬)作业计划；

②签发施工任务书。

(3)做好施工进度记录，掌握现场实际情况。

(4)做好施工中的调度工作。

2.施工项目进度计划的检查

在施工项目的实施进程中,为了进行进度控制,进度控制人员应经常地、定期地跟踪检查施工实际进度情况,主要是收集施工项目进度材料,进行统计整理和对比分析,确定实际进度与计划进度之间的关系。其主要工作包括:

(1)跟踪检查施工实际进度

跟踪检查施工实际进度是项目施工进度控制的关键措施。其目的是收集实际施工进度的有关数据。跟踪检查的时间和收集数据的质量,直接影响控制工作的质量和效果。

(2)整理统计检查数据

对于收集到的施工项目实际进度数据,要进行必要的整理,并按计划的工作项目进行统计,要以相同的量纲和形象进度,形成与计划进度具有可比的数据。

(3)对比分析实际进度与计划进度

将收集的资料整理和统计成具有与计划进度可比性的数据后,用施工项目实际进度与计划进度的比较方法进行比较。

(4)施工项目进度检查结果的处理

施工项目进度检查要建立报告制度,即将施工进度检查比较的结果、有关施工进度现状和发展趋势,以简要、明了的书面报告形式向有关主管人员和部门汇报。

进度控制报告根据报告的对象不同,一般分为以下三个级别:

①项目概要级的进度报告。

②项目管理级的进度报告。

③业务管理级进度报告。

6.2.3 施工项目进度的比较分析与计划调整

1.施工项目进度比较分析方法

(1)横道图比较法

横道图记录比较法,是把在项目施工中检查实际进度收集的信息,经整理后直接用横道线并列标于原计划的横道线一起,进行直观比较的方法。

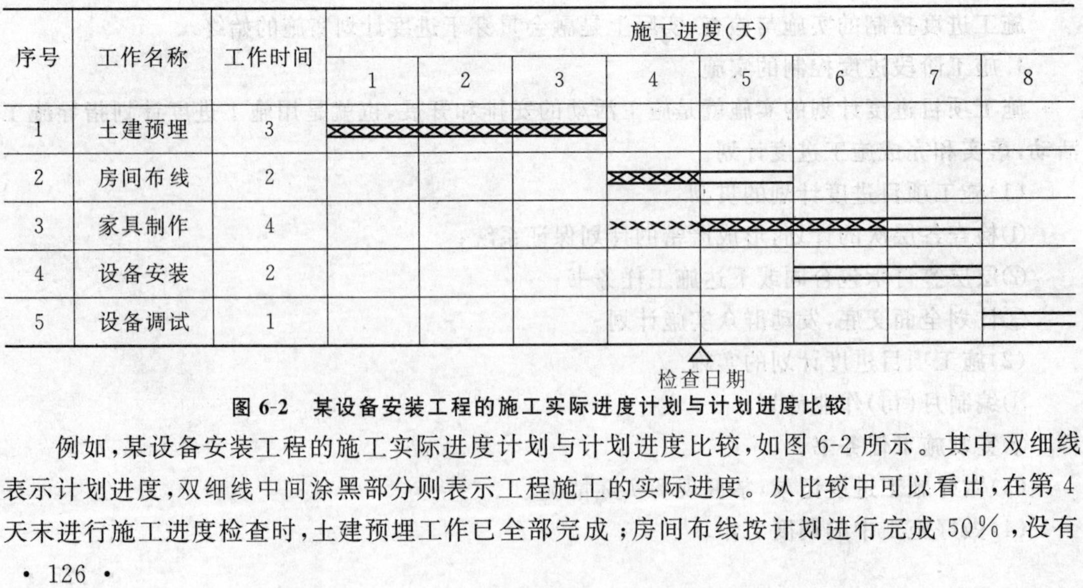

序号	工作名称	工作时间	施工进度(天)							
			1	2	3	4	5	6	7	8
1	土建预埋	3								
2	房间布线	2								
3	家具制作	4								
4	设备安装	2								
5	设备调试	1								

检查日期

图6-2 某设备安装工程的施工实际进度计划与计划进度比较

例如,某设备安装工程的施工实际进度计划与计划进度比较,如图6-2所示。其中双细线表示计划进度,双细线中间涂黑部分则表示工程施工的实际进度。从比较中可以看出,在第4天末进行施工进度检查时,土建预埋工作已全部完成;房间布线按计划进行完成50%,没有偏差;家具制作工作实际进度比计划进度提前一天,超额完成任务。

（2）S形曲线比较法

它是以横坐标表示进度时间,纵坐标表示累计完成任务量,而绘制出一条按计划时间累计完成任务量的S形曲线,将施工项目的各检查时间实际完成的任务量的S形曲线进行实际进度与计划进度相比较的一种方法。就一个施工项目或一项工作的全过程而言,由于资源投入及工作面展开等因素,一般是开始和结尾阶段进展速度较慢、单位时间完成的任务量较少,中间阶段则较快、较多,如图 6-3(a)所示。而随时间进展累计完成的任务量,则应该呈S形变化,如图 6-3(b)所示。

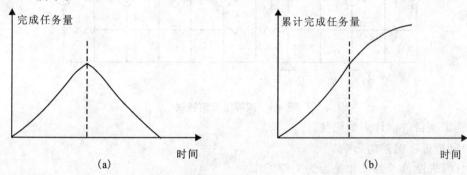

图 6-3　时间与完成任务量关系曲线

（3）香蕉形曲线比较法

香蕉形曲线是两条 S 形曲线组合而成的闭合曲线。是工程项目施工进度控制的方法之一。"香蕉"曲线是由两条以同一开始时间、同一结束时间的 S 形曲线组合而成。其中,一条 S 形曲线是工作按最早开始时间安排进度所绘制的 S 形曲线,简称 ES 曲线;而另一条 S 形曲线是工作按最迟开始时间安排进度所绘制的 S 形曲线,简称 LS 曲线。除了项目的开始和结束点外,ES 曲线在 LS 曲线的上方,同一时刻两条曲线所对应完成的工作量是不同的。在项目实施过程中,理想的状况是任一时刻的实际进度在这两条曲线所包区域内的曲线 R,如图 6-4所示。

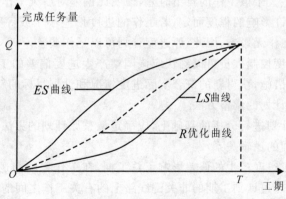

图 6-4　香蕉曲线

（4）前锋线比较法

前锋线比较法是通过绘制某检查时刻工程项目实际进度前锋线,进行工程实际进度与计划进度比较的方法,它主要适用于时标网络计划。

所谓前锋线,是指在原时标网络计划上,从检查时刻的时标点出发,用点画线依次将各项工作实际进展位置点连接而成的折线。前锋线比较法就是通过实际进度前锋线与原进度计划中各工作箭线交点的位置来判断工作实际进度与计划进度的偏差,进而判定该偏差对后续工作及总工期影响程度的一种方法。如图6-5所示。

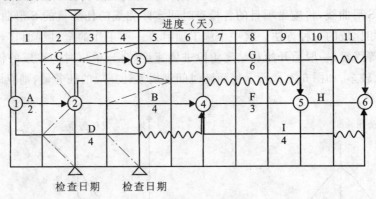

图6-5　实际进度前锋线

2.施工项目进度计划的调整

(1)分析进度偏差的影响

①分析进度偏差的工作是否为关键工作

若出现偏差的工作为关键工作,则无论偏差大小,都对后续工作及总工期产生影响,必须采取相应的调整措施;若出现偏差的工作不为关键工作,需要根据偏差值与总时差和自由时差的大小关系,确定对后续工作和总工期的影响程度。

②分析进度偏差是否大于总时差

若工作的进度偏差大于该工作的总时差,说明此偏差必将影响后续工作和总工期,必须采取相应的调整措施;若工作的进度偏差小于或等于该工作的总时差,说明此偏差对总工期无影响,但它对后续工作的影响程度,需要根据比较偏差与自由时差的情况来确定。

③分析进度偏差是否大于自由时差

若工作的进度偏差大于该工作的自由时差,说明此偏差对后续工作产生影响,应该如何调整,应根据后续工作允许影响的程度而定;若工作的进度偏差小于或等于该工作的自由时差,则说明此偏差对后续工作无影响,因此,原进度计划可以不作调整。

经过如此分析,进度控制人员可以确认应该调整产生进度偏差的工作和调整偏差值的大小,以便确定采取调整措施,获得新的符合实际进度情况和计划目标的新进度计划。

(2)施工项目进度计划的调整方法

在对实施的进度计划进行分析的基础上,应确定调整原计划的方法,主要有以下两种:

①改变某些工作间的逻辑关系

若检查的实际施工进度产生的偏差影响了总工期,在工作之间的逻辑关系允许改变的条件下,改变关键线路和超过计划工期的非关键线路上的有关工作之间的逻辑关系,达到缩短工期的目的。用这种方法调整的效果是很显著的,例如可以把依次进行有关工作改变为平行的或互相搭接的以及分成几个施工段进行流水施工的等都可以达到缩短工期的目的。

②缩短某些工作的持续时间

这种方法是不改变工作之间的逻辑关系,而是缩短某些工作的持续时间,而使施工进度加快,并保证实现计划工期的方法。这些被压缩持续时间的工作是位于实际施工进度拖延而引起总工期增长的关键线路和某些非关键线路上的工作。同时,这些工作又是可压缩持续时间的工作。

任务三　建筑工程项目质量与安全控制

现场质量管理就是指在现场确立质量方针及实施质量方针的全部职能及工作内容,并对其工作效果进行评价和改进的一系列工作。工程施工质量管理的中心任务是通过健全有效的质量监督工作体系来确保工程质量达到合同规定的标准和等级要求。根据工程质量形成的时间阶段,施工质量管理可分为质量的事前管理、事中管理和事后管理。其中,工作的重点应是质量的事前管理。现场质量管理应当按照 GB/T 19000 族标准和施工企业质量管理体系的要求进行。

6.3.1　工程施工质量保证

质量保证是指为了提供足够的信任表明实体能够满足质量要求,而在质量管理体系中实施并根据需要进行证实的全部有计划和有系统的活动。

1. 质量体系的选择

一个施工企业根据自身的工程管理质量保证要求,选择 GB/T 19001~GB/T 19003 中的一个质量保证模式标准,建立质量保证体系,即以管理者推动的方式建立内部质量保证体系,用于指导本企业的质量管理。

2. 施工质量体系的实施

以总包单位为核心,将总包质量体系中有关分包管理的要求作为分包合同条件。通过合同关系的确定,明确管理关系,以便建立以总包为核心,各分包在总包的统一指导下实施自主作业管理,共同实施整体综合质量保证活动的现场质量管理机制。

6.3.2　工程施工质量控制

1. 施工质量控制的目标

(1)施工质量控制的总体目标是贯彻执行建设工程质量法规和强制性标准,正确配制施工生产要素和采用科学管理的方法,实现工程项目预期的使用功能和质量标准,这是建设工程参与各方的共同责任。

(2)建设单位的质量控制目标是通过施工全过程的全面质量监督管理、协调和决策,保证竣工项目达到项目投资决策所确定的质量标准。

(3)设计单位施工阶段的质量控制目标,是通过对施工质量的验收签证、设计变更控制及纠正施工中所发现的设计问题,采纳变更设计的合理化建议,保证竣工项目的各项施工结果与设计文件(包括变更文件)所规定的标准一致。

(4)施工单位的质量控制目标是通过施工全过程的全面质量控制,保证交付满足施工合同及设计文件所规定的质量标准(含工程质量创优要求)的建设工程产品。

(5)监理单位在施工阶段的质量控制目标是通过审核施工质量文件、报告报表及现场检查、平行检测、施工指令和结算支付控制等手段的应用,监理施工承包单位的质量活动行为,协调施工关系,正确履行工程质量的监督责任,以保证工程质量达到施工合同和设计文件所规定的质量标准。

2.建立质量体系的流程

施工企业应根据市场情况、工程类型、生产特点、顾客要求，以 ISO 9000 系列标准为依据，选择适用的要素并确定采用的程度，建立质量体系。

3.施工质量控制方式

根据工程施工质量形成的时间阶段划分，施工质量控制可以分为事前控制、事中控制、事后控制。

（1）事前控制

施工质量的事前控制是指在施工前，针对质量控制点或分部分项工程，预测在相应施工条件下可能发生的质量问题和隐患，分析造成这些可能发生质量问题的原因并提出相应的对策，通过预先控制而达到防止施工中发生质量问题。

（2）事中控制

事中控制也称过程控制，是施工过程中所进行的质量控制。

施工质量的事中控制主要包括：

①工序质量控制；

②施工质量跟踪监控；

③做好施工过程中的设计变更或修改；

④施工过程中的工序产品和重要工程部位的检查验收；

⑤处理施工质量缺陷。

（3）事后控制

事后控制指在施工完成后形成的产品质量控制，其具体工作内容有：组织联动试车，准备竣工验收资料，组织自检和初步验收。

按规定的质量评定标准和办法，对完成的分项分部工程、单位工程进行质量评定，组织竣工验收，其标准是：

①按设计文件规定的内容和合同规定的内容完成施工，质量达到国家质量标准，能满足生产和使用的要求。

②主要生产工艺设备已安装配套，联动负荷试车合格，形成设计生产能力。

③交工验收的建筑物要窗明、地净、水通、灯亮、气来，采暖通风设备运转正常。

④交工验收的工程内净外洁，施工中的残余物料运离现场，灰坑填平，临时建（构）筑物拆除，2m 以内地坪整洁。

⑤技术档案资料齐全。

4.现场施工质量控制的基本环节

施工质量控制是一个系统过程，施工质量必须通过现场质量中一系列可操作的基本环节来实现。

5.质量控制点

质量控制点是工程施工质量控制的重点，是事前控制的一项重要内容。可作为质量控制点的对象可能是技术要求高、施工难度大的部位，也可能是影响质量的关键工序、操作或某一环节。具体可以选择作为质量控制点的是：

（1）施工过程中的关键工序或环节以及隐蔽工程，例如预应力结构的张拉工序，钢筋混凝土结构中的钢筋架立；

（2）施工中的薄弱环节，或质量不稳定的工序、部位或对象，例如地下防水层施工；

（3）对后续工程施工质量或安全有重大影响的工序、部位或对象，例如预应力结构中的预应力钢筋质量、模板的支撑与固定等；

（4）采用新技术、新工艺、新材料的部位或环节；

（5）施工上无足够把握的、施工条件困难的或技术难度大的工序或环节，例如复杂曲线模板的放样等。

6.施工生产要素的质量控制

在工程施工中，影响工程质量的要素主要有：人、材料、机械、方法和环境等五个方面。

（1）人的控制

施工现场对人的控制，主要措施和途径是：

①以项目经理的管理目标和职责为中心，合理组建项目管理机构，贯彻岗位责任制，配备合适的管理人员。

②严格实行分包单位的资质审查，控制分包单位的整体素质，包括技术素质、管理素质、服务态度和社会信誉等。严禁分包工程或作业的转包，以防资质失控。

③坚持作业人员持证上岗，特别是重要技术工种、特殊工种、高空作业等，做到有资质者上岗。

④加强对现场管理和作业人员的质量意识教育及技术培训，开展作业质量保证的研讨交流活动等。

⑤严格执行现场管理制度和生产纪律，规范人的作业技术和管理活动的行为。

⑥加强激励和沟通活动，调动人的积极性。

（2）材料的质量控制

材料（包括原材料、成品、半成品、构配件）是工程施工的物质条件，材料质量是保证工程施工质量的必要条件之一，实施材料的质量控制应抓好以下环节：

①材料采购。

②材料检验。

③材料的仓储和使用。

（3）机械设备的质量控制

使施工机械设备的类型、性能、参数等与施工现场的实际条件、施工工艺、技术要求等因素相匹配，符合施工生产的实际要求。其质量控制主要从机械设备的选型、主要性能参数指标的确定和使用操作要求等方面进行。

①机械设备的选型

机械设备的选择，应按照技术上先进、生产上适用、经济上合理、使用上安全、操作上方便的原则进行。

②主要性能参数指标的确定

主要性能参数是选择机械设备的依据，其参数指标的确定必须满足施工的需要和保证质量的要求。只有正确地确定主要的性能参数，才能保证正常的施工，不致引起安全质量事故。

③使用操作要求

合理使用机械设备，正确地进行操作，是保证项目施工质量的重要环节。应贯彻"人机固定"原则，实行定机、定人、定岗位职责的使用管理制度。

(4)施工方法的控制

施工方法的控制包括工程施工所采取的技术方案、工艺流程、检测手段、施工组织设计等的控制。对施工方法的控制，重点抓好以下几个方面：

①施工方案应随工程施工进展而不断细化和深化。

②对主要项目、关键部位和难度较大的项目，如新结构、新材料、新工艺，大跨度、大悬空、高大的结构部位等，制订方案时要充分估计到可能发生的施工质量问题和处理方法。

(5)环境因素的控制

①自然环境控制。

②管理环境控制。

③劳动作业环境控制。

7.施工作业过程的质量控制

建设工程施工项目是由一系列相互关联、相互制约的作业过程(工序)所构成，控制工程项目施工过程的质量，必须控制全部作业过程，即各道工序的施工质量。

施工作业过程质量控制的基本程序：

(1)进行作业技术交底，包括作业技术要领、质量标准、施工依据、与前后工序的关系等。

(2)检查施工工序、程序的合理性和科学性，防止工序流程错误导致工序质量失控。检查内容包括：施工总体流程和具体施工作业的先后顺序，正常情况下，要坚持先准备后施工、先深后浅、先土建后安装、先验收后交工，等等。

(3)检查工序施工条件，即每道工序投入的材料，使用的工具、设备及操作工艺、环境条件等是否符合施工组织要求。

(4)检查工序施工中人员操作程序、操作质量是否符合质量规程要求。

(5)检查工序施工中间产品的质量，即工序质量、分项工程质量。

(6)对工序质量符合要求的中间产品(分项工程)及时进行工序验收或隐蔽工程验收。

(7)质量合格的工序经验收后可进入下道工序施工。未经验收的工序，不得进到下道工序施工。

6.3.3 施工质量验收的方法

建设工程质量验收是对已完工的工程实体的外观质量及内在质量按规定程序检查后，确认其是否符合设计及各项验收标准的要求，是可交付使用的一个重要环节。

1.工程质量验收分为过程验收和竣工验收，其程序及组织包括：

(1)施工过程中，隐蔽工程在隐蔽前通知建设单位(或工程监理)进行验收，并形成验收文件。

(2)分部分项工程完工，应在施工单位自行验收合格后，通知建设单位(或工程监理)验收，重要的分部分项应请设计单位参加验收。

(3)单位工程完工后，施工单位应自行组织检查、评定，符合验收标准后，向建设单位报交验收申请。

(4)建设单位收到验收申请后，应组织施工、勘察、设计、监理单位等方面的人员进行单位工程验收，明确验收结果，并形成验收报告。

(5)按国家现行管理制度，房屋建筑工程及市政基础设施工程验收合格后，尚需在规定的时间内,将验收文件报政府管理部门备案。

2.建设工程施工质量验收应符合下列要求:

(1)工程质量验收均应在施工单位自行检查评定的基础上进行。

(2)参加工程施工质量验收的各方人员,应该具有规定的资格。

(3)建设项目的施工,应符合工程勘察、设计文件的要求。

(4)隐蔽工程应在隐蔽前由施工单位通知有关单位进行验收,并形成验收文件;隐蔽工程验收的主要内容如表6-1所示。

表6-1　隐蔽工程验收的主要内容

项　　目	检查验收内容
基础工程	土质情况、基坑尺寸、标高、桩位数量、打桩记录、人工地基试验记录
钢筋工程	品种、规格、数量、位置、形状、焊接尺寸、接头位置、预埋件的数量及位置等
防水工程	屋面、地下室、水下结构物的防水层数、措施和质量情况
上、下水暖暗管	位置、标高、坡度、试压、通水试验、焊接、防锈、防腐、保暖及预埋件等
暗配电气线路	位置、规格、标高、弯度、防腐、接头、电缆耐压绝缘试验、地线、接地电阻等
其他	完工后无法进行检查的工程、重要结构部位和有特殊要求的隐蔽工程

(5)单位工程施工质量应该符合相关验收规范的标准。

(6)涉及结构安全的材料及施工内容,应有按照规定对材料及施工内容进行见证取样的检测资料。

(7)对涉及结构安全和使用功能的重要部分工程、专业工程应进行功能性抽样检测。

(8)工程外观质量应由验收人员通过现场检查后共同确认。

3.建设工程施工质量检查评定验收的基本内容和方法:

(1)分部分项工程内容的抽样检查。

(2)施工质量保证资料的检查,包括施工全过程的技术质量管理资料,其中又以原材料、施工检测、测量复核及功能性试验资料为重点检查内容。

(3)工程外观质量的检查。

4.工程质量不符合要求时,应按规定进行处理:

(1)经返工或更换设备的工程,应该重新检查验收。

(2)经有资质的检测单位检测鉴定,能达到设计要求的工程,应予以验收。

(3)经返修和加固后仍不能满足使用要求的工程严禁验收。

6.3.4　安全管理

建设工程项目施工具有露天作业多、高空作业多、劳动强度大等特点,施工人员所处的是一个职业健康与安全条件相对较差的作业环境。在建筑行业中,因职业环境不良等因素导致的现场人身伤害甚至死亡事件经常发生,要求我们必须注重改善和加强建筑施工现场的职业健康与安全管理,绝不应片面强调投资、进度、质量三大目标,忽视职业健康与安全管理。注重施工现场职业健康与安全管理是在建设工程项目管理工作中贯彻"以人为本"方针的具体体现。

1.安全管理的作用和意义

（1）提高企业安全生产管理水平和管理效益；

（2）提高劳动者身心健康，提高职工劳动生产率；

（3）发现危险隐患和作业条件的缺陷，采取有效预防和保护措施，减少死、伤事件发生，降低不利因素造成损失导致的企业成本增加，有利于和谐社会的建设；

（4）培养人们按章作业、规范操作的遵章守纪的职业习惯；

（5）提高职业健康与安全相关法律、法规、标准和规范的普及程度，增强作业者的法制观念。

2.现场职业健康与安全管理的基本途径

（1）贯彻落实以《中华人民共和国劳动法》为代表的国家各项有关职业健康与安全的法律、法规。

（2）落实"安全第一，预防为主"的职业健康与安全的基本方针。

（3）积极贯彻实行《职业健康安全管理体系》（GB/T 28001、GB/T 28002）。

（4）建立企业内部职业健康与安全保证体系，并在施工现场认真履行实施。

（5）积极宣传与职业健康安全相关的法律、法规、政策、文件、标准和规范。

（6）建立惩罚分明的奖惩措施，在组织上、制度上、技术上、经济上建立保证职业健康与安全工作在施工现场得以顺利开展的长效机制。

3.现场安全生产保证体系

施工现场安全生产保证体系是施工企业管理体系和现场整个管理体系的一个组成部分，包括为制订、实施、审核和保持"安全第一，预防为主"方针和安全管理目标所需的组织结构、计划实施、职责、程序、过程和资源。

（1）安全生产保证体系的建立

建立实施施工现场安全生产保证体系一般分为三个阶段：策划准备阶段、文件化阶段和运行阶段。安全保证生产体系的文件包括：

①安全生产保证体系的程序文件；

②施工现场安全、文明施工各项管理制度；

③安全生产责任制；

④支持性文件；

⑤内部安全生产保证体系审核记录。

（2）安全生产责任制的建立

工程施工前，必须明确安全生产责任目标，建立安全生产责任制，签订安全生产协议书，使每个人都明确自己在安全生产工作中所应承担的责任。进行安全策划，制订切实可行的安全技术措施：

①临时用电施工组织设计；

②大型机械的装拆方案；

③劳动保护技术措施要求、计划；

④危险部位和施工过程，特别是施工风险程度较大的项目应进行技术论证，采取相应的安全技术措施；

⑤对特殊工艺、设备、设施、材料的使用，应有针对性的专项安全措施要求和操作规定；

⑥施工现场防火重点部位划分及防火要求、消防器材和设施的配置、动火审批、防火检查、

义务消防队员的活动等,都必须制订相应的制度和措施。

（3）安全教育

安全教育活动开展的要求:①新进施工现场的各类施工人员,必须进行进场安全教育;②变换工种时,要进行新工种的安全技术教育;③进行定期和季节性的安全技术教育;④加强对全体施工人员节前和节后的安全教育;⑤坚持班前安全活动周讲评制度。

安全教育的内容包括:①现场规章制度和遵章守纪教育;②本工种岗位安全操作及班组安全制度、纪律教育;③新工人安全生产须知;④建筑安装工人安全技术操作规程一般规定;⑤安全生产六大纪律;⑥十项安全技术措施。

（4）安全检查

①安全检查类型包括:定期安全检查,专项安全检查,季节性、节假日前后等各类安全检查,对检查结果应及时收集整理和记录;

②施工现场的安全检查,要严格按照住建部颁布的《建筑施工安全检查标准》(JGJ 59—2011)执行;

③在各类检查过程中,针对现场存在的重大事故隐患,要在立即整改的同时,下达重大事故隐患通知书,并限期进行整改;隐患整改单位接到事故隐患通知书后在整改期限内及时反馈隐患整改信息;

④在日常的安全检查工作中,施工单位要虚心听取甲方和监理人员的意见和建议,必要时可以与甲方和监理人员联合组织安全检查工作;

⑤要督促整改,对复查时没有按要求整改的要采取必要的处罚措施;

⑥搞好争创安全文明工地评比达标工作。

任务四　建筑工程项目成本控制

6.4.1　建筑工程项目施工成本管理的任务

1.施工成本预测

施工成本预测就是根据成本信息和施工项目的具体情况,运用专门方法,对未来的成本水平极其可能的发展趋势做出科学的估计,其实质就是在施工前对成本进行估算。

2.施工成本计划

施工成本计划是以货币形式编制施工项目在计划期内的生产费用、成本水平、成本降低率以及为降低成本所采取的主要措施和规划的书面方案,它是建立施工项目成本管理责任制、开展成本控制和核算的基础。

3.施工成本控制

施工成本控制是指在施工过程中,对影响施工项目成本的各种因素加强管理,并采取各种有效措施,将施工中实际发生的各种消耗和支出严格控制在成本计划范围内,随时提示并及时反馈,严格审查各项费用是否符合标准,计算实际成本和计划成本之间的差异并进行分析,消除施工中的损失浪费现象,发现和总结先进经验。

4.施工成本核算

施工成本核算是按照规定开支范围对施工费用进行归集,计算出施工费用的实际发生额,并根据成本核算对象,采用适当的方法,计算出该施工项目的总成本和单位成本。

5.施工成本分析

施工成本分析是在成本形成过程中,对施工项目成本进行的对比评价和总结工作。

6.施工成本考核

施工成本考核是指施工项目完成后,对施工项目成本形成中的各责任者,按施工项目成本目标责任制的有关规定,将成本的实际指标与计划、定额、预算进行对比和考核。

6.4.2 建设项目的成本控制

建设项目的成本控制应伴随项目建设的进程渐次展开。要注意各个时期的特点和要求,各个阶段的工作内容不同,成本控制的主要任务也不同。

1.施工前期的成本控制

(1)工程投标阶段

①根据工程概况、招标文件及建筑市场和竞争对手的情况,进行成本预测,提出投标决策意见。

②中标以后,应根据项目的建设规模组建与之相适应的项目经理部,同时以标书为依据确定项目的成本目标,并下达给项目经理部。

(2)施工准备阶段

①根据设计图纸和有关技术资料,对施工方案、施工顺序、作业组织形式、机械设备类型、技术组织措施等进行认真的研究分析,制订科学先进、经济合理的施工方案。

②根据企业下达的成本目标,以分部分项工程实物工程量为基础,根据劳动定额、材料消耗定额和技术组织措施的节约计划,在优化的施工方案指导下编制明细而具体的成本计划,并按照部门、施工队和班组的分工进行分解,作为部门、施工队和班组的责任成本落实下去,为今后的成本控制做好准备。

③根据项目建设时间的长短和参加建设人数的多少编制间接费用预算,并对上述预算进行明细分解,以项目经理部有关部门(或业务人员)责任成本的形式落实下去,为今后的成本控制和绩效考核提供依据。

2.施工期间的成本控制

施工阶段成本控制的主要任务是确定项目经理部的成本控制目标,由项目经理部建立成本管理体系,项目经理部对各项费用指标进行分解,以确定各部门的成本控制指标,加强成本的过程控制。

(1)加强施工任务单和限额领料单的管理,特别要做好每一个分部分项工程的验收等工作。

(2)将施工任务单和限额领料单的结算资料与施工预算进行核对,计算分部分项工程的成本差异,分析差异产生的原因并采取有效的纠偏措施。

(3)做好月度成本原始资料的收集和整理,正确计算月度成本,分析月度预算成本与实际成本的差异。

(4)在月度成本核算的基础上,实行责任成本核算。

(5)经常检查对外经济合同的履约情况,为顺利施工提供物质保证。

(6)定期检查各责任部门和责任者的成本控制情况,检查成本控制责、权、利的落实情况。

6.4.3 竣工验收阶段的成本控制

(1)精心安排,干净利落地完成工程竣工扫尾工作。

(2)重视竣工验收工作,顺利交付使用。

(3)及时办理工程结算。一般来说,工程结算造价＝原施工图预算±增减账。

(4)在工程保修期间,应由项目经理指定保修工作的责任者,并责成保修责任者根据实际情况提出保修计划(包括费用计划),以此作为控制保修费用的依据。

6.4.4 降低项目施工成本的主要途径

降低项目施工成本的途径主要有以下几个方面:

1.认真审查图纸。

2.加强合同预算管理,增加工程预算收入

(1)正确编制施工图预算。在编制施工图预算时,要充分考虑可能发生的成本费用,包括合同规定的属于包干性质的各项定额外补贴,并将其全部列入施工图预算,然后通过工程结算向建设单位取得补偿。

(2)把合同规定的"开口"项目作为增加预算收入的重要方面。

3.合理组织施工,正确选择施工方案,提高经营管理水平

项目施工是形成最终建筑产品全过程的主要环节。每一个建筑企业必须对施工过程进行科学的计划、组织、控制,充分合理利用人力和物力,以保证全面、均衡、优质、低消耗地完成施工任务。

4.落实技术组织措施

建筑企业为了保证完成和超额完成工程成本降低任务,应当编制降低工程成本技术组织措施计划。

5.提高劳动生产率

建筑企业提高劳动生产率可以加快施工进度,缩短工期,使建设项目早日竣工投产使用,增加新的生产能力;由于劳动生产率的不断提高,可以大大地促进工程成本的降低,为国家积累更多的建设资金。

6.节约材料消耗

在工程成本中,材料费占有很大的比重,一般土建工程的材料费约占工程成本的60%～70%。随着机械化程度的提高、技术的进步及劳动生产率的不断提高,材料费在工程成本中所占的比重还会不断扩大。

7.节约间接费用

间接费用项目多,涉及面广,关系复杂,如不加强管理就容易造成浪费,因此,节约间接费用也是降低成本的主要途径之一。

8.强化风险意识,增强索赔控制与管理水平

建设项目往往工期较长,不确定因素较多,施工期间现场面临诸多风险。强化风险意识,就是要对各种可能发生的风险事件提前做好防范预案,避免因措手不及而造成施工成本的增加。

思考与练习

一、单项选择题(每题备选项中,只有一个最符合题意)

1. 当采用匀速进展横道图比较法时,如果实际进度的横道线右端点位于检查日期的右侧,则该端点与检查日期的距离表示工作( )。

    A. 实际少耗费的时间   B. 实际多耗费的时间

    C. 进度超前的时间   D. 进度拖后的时间

2. 在工程网络计划中,已知工作 M 没有自由时差,但总时差为 5 天,检查实际进度时发现该工作的持续时间延长了 4 天,说明此时工作 M 的实际进度( )。

    A. 不影响后续工作和总工期   B. 不影响总工期,但影响紧后工作最早开始时间

    C. 影响总工期 1 天   D. 使紧后工作和总工期均延长 4 天

3. 施工合同条款中关于工期提前的奖励或误期损失赔偿,是进度控制的( )。

    A. 技术措施   B. 管理措施   C. 经济措施   D. 组织措施

4. 在工程网络计划的实施过程中,需要确定某项工作的进度偏差对紧后工作最早开始时间的影响程度,应根据( )的差值进行确定。

    A. 自由时差与进度偏差   B. 自由时差与总时差

    C. 总时差与进度偏差   D. 时间间隔与进度偏差

5. 对某工程网络计划实施过程进行监测时,发现非关键工作 K 存在的进度偏差不影响总工期,但会影响后续承包单位的进度,调整该工程进度计划最有效的方法是缩短( )。

    A. 后续工作的持续时间   B. 工作 K 的持续时间

    C. 与 K 平行的工作的持续时间   D. 关键工作的持续时间

6. 当采用 S 形曲线比较法时,如果按实际进度描出的点位于计划 S 形曲线的右侧,则该点与计划 S 形曲线的垂直距离表明实际进度比计划进度( )。

    A. 超前的时间   B. 拖后的时间

    C. 超额完成的任务量   D. 拖欠的任务量

7. 某工程网络计划中工作 H 的自由时差为 3 天,总时差为 5 天。检查进度时发现该工作的实际进度拖延,且影响总工期 1 天。则工作 H 的实际进度比计划进度拖延了( )天。

    A. 3   B. 4   C. 5   D. 6

8. 某工程施工过程中,检查进度时发现工作 G 的总时差由原计划的 2 天变为 1 天,若其他工作的进度均正常,则说明工作 G 的实际进度( )。

    A. 提前 1 天,不影响工期   B. 拖后 3 天,影响工期 1 天

    C. 提前 3 天,不影响工期   D. 拖后 3 天,影响工期 2 天

9. 应用香蕉形曲线进行实际进度与计划进度比较时,按实际进度描出的点均落在香蕉形曲线之 *ES* 曲线下方,说明实际工程进度( )。

    A. 呈现正常状态   B. 超前   C. 滞后   D. 不能判断

10. 工作尚有总时差等于( )。

A. 从检查日期到该工作原计划最迟完成时尚余时间—该工作尚需作业时间

B. 从检查日期到该工作原计划最早完成时尚余时间—该工作尚需作业时间

C. 该工作尚需作业时间—从检查日期到该工作原计划最早完成时尚余时间

D. 该工作原计划最迟完成时间—该工作原计划最早完成时间

二、简答题

1.影响工程项目进度的因素有哪些？

2.工程项目进度控制的措施有哪些？

3.简述工程项目进度控制的基本原理。

三、分析计算题

1.某钢筋工程按施工计划需要 9 天完成,其实际进度与计划进度如图 6-6 所示。试应用横道图比较法分析各天实际进度与计划进度之偏差。

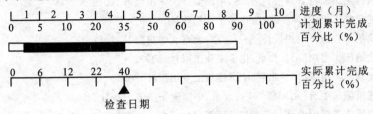

图 6-6　双比例单侧横道比较图

2.某土方工程的总开挖量为 10000m³,要求在 10 天内完成,不同时间计划土方开挖量和实际完成任务情况如表 6-2 所示。试应用 S 形曲线对第 2 天和第 6 天的工程实际进度与计划进度进行比较分析。

表 6-2　土方开挖量(单位:m³)

时间(天)	1	2	3	4	5	6	7	8	9	10
计划完成量	200	600	1000	1400	1800	1800	1400	1000	600	200
实际完成量	600	800	600	700	800	1000				

参考文献

[1] 项建国.建筑工程项目管理[M].北京:中国建筑工业出版社,2005.

[2] 卢青.施工组织设计[M].北京:机械工业出版社,2007.

[3] 郭辉.建筑施工组织与管理[M].青岛:中国海洋大学出版社,2010.

[4] 柳邦兴.建筑施工组织[M].北京:化学工业出版社,2009.

[5] 李源清.建筑工程施工组织设计[M].北京:北京大学出版社,2011.

[6] 肖凯成.建筑施工组织[M].北京:化学工业出版社,2009.

[7] 危道军.建筑施工组织[M].北京:中国建筑工业出版社,2004.

[8] 编写组.建筑施工手册:第四册[M].北京:中国建筑工业出版社,2003.

[9] 张树恩.建筑施工组织设计与施工规范手册[M].北京:地震出版社,1999.

[10] 邓学才.施工组织设计的编制与实施[M].北京:中国建材工业出版社,2000.

[11] 黄展东.建筑施工组织与管理[M].北京:中国环境出版社,2002.

[12] 全国建筑业企业项目经理培训教材编写委员会.施工组织设计与进度管理[M].北京:中国建筑工业出版社,2001

[13] 周建国.建筑施工组织[M].北京:中国电力出版社,2004.

[14] 吴根宝.建筑施工组织[M].北京:中国建筑工业出版社,1995.

[15] 中华人民共和国行业标准.工程网络技术规程(JGJ/T 121—2015).北京:中国建筑工业出版社,2015.

[16] 编委会.建设工程项目管理规范实施手册[M].北京:中国建筑工业出版社,2002.

[17] 中华人民共和国国家标准.建筑工程施工质量验收统一标准(GB 50300—2013).北京:中国建筑工业出版社,2014.

[18] 中华人民共和国行业标准.建筑工程冬期施工规程(JGJ 104—2011).北京:中国建筑工业出版社,2011.

[19] 齐宝库.工程项目管理[M].大连:大连理工大学出版社,1999.